云南省地质灾害气象风险精细化预警技术研究及应用

李华宏　胡　娟　许迎杰
闵　颖　杨竹云　杨素雨　李　磊　著

U0264845

气象出版社
China Meteorological Press

内 容 简 介

本书汇集了近几年云南省气象台在地质灾害气象风险预警技术及相关基础研究方面的最新成果，涵盖了建立和开展地质灾害气象风险预警业务所涉及的各个关键环节。书中重点阐述了精细化定量降水预报技术研究、云南省地质灾害气象风险精细化预警模型研究及系统研发、产品应用和业务检验情况，可为我国各省(自治区，直辖市)、地(市)级气象台站科技人员建设地质灾害气象风险精细化预警业务提供参考。

图书在版编目(CIP)数据

云南省地质灾害气象风险精细化预警技术研究及应用/
李华宏等著.-- 北京：气象出版社，2016.7
  ISBN 978-7-5029-6371-2

Ⅰ.①云… Ⅱ.①李… Ⅲ.①地质灾害-气象预报-
研究-云南省 Ⅳ.①P694②P457

中国版本图书馆 CIP 数据核字(2016)第 162313 号

Yunnansheng Dizhi Zaihai Qixiang Fengxian Jingxihua Yujing Jishu Yanjiu ji Yingyong
云南省地质灾害气象风险精细化预警技术研究及应用
李华宏　胡娟　许迎杰　闵颖　杨竹云　杨素雨　李磊　著

出版发行：气象出版社
地　　址：北京市海淀区中关村南大街 46 号　　　邮政编码：100081
电　　话：010-68407112(总编室)　010-68409198(发行部)
网　　址：http://www.qxcbs.com　　　　E-mail：qxcbs@cma.gov.cn
责任编辑：李太宇　　　　　　　　　　　终　审：邵俊年
责任校对：王丽梅　　　　　　　　　　　责任技编：赵相宁
封面设计：博雅思企划
印　　刷：北京京华虎彩印刷有限公司
开　　本：710 mm×1000 mm 1/16　　　印　张：12.75
字　　数：270 千字
版　　次：2016 年 7 月第 1 版　　　　　印　次：2016 年 7 月第 1 次印刷
定　　价：60.00 元

本书如存在文字不清、漏印以及缺页、倒页、脱页等，请与本社发行部联系调换。

前　言

云南境内地质灾害隐患点多、分布区域广,灾害损失重,是国内地质灾害最严重的地区之一。复杂的地形地貌、脆弱的地质条件是地质灾害形成和发展的内在因素。占全省土地面积 94% 的山区暴雨多发、局地强降水突出则是诱发地质灾害最为关键的外在因素。因而,综合考虑地质条件,并结合强降水与地质灾害之间的相互关系,开展地质灾害气象风险预警业务和服务无疑是防御地质灾害的有效途径之一。

随着服务需求的不断增加,中国气象局对于省级气象部门开展地质灾害气象风险预警业务提出了严格的考核要求。云南作为地质灾害重灾区,及时有效地开展地质灾害气象风险精细化预警业务有着更为突出的意义。面对技术支撑薄弱、服务能力不足的现状,综合考虑地质因子和气象降水诱发因素,建立精确的地质灾害气象风险预警模型,细化预警产品时间、空间分辨率,发展地质灾害气象风险预警业务,及时开展有效的专项预警服务,成为云南省气象部门亟待完成的一项重要任务。

本书汇集了近几年云南省气象台在地质灾害气象风险预警技术及相关基础研究方面的最新成果,涵盖了建立和开展地质灾害气象风险预警业务所涉及的各个关键环节,重点围绕精细化定量降水预报技术研究、云南省地质灾害气象风险精细化预警模型研究及系统研发、产品应用和业务检验情况进行了详细阐述,可以为省、地(市)各级台站科技人员建设地质灾害气象风险精细化预警业务提供参考。

本书共分 7 章,第 1 章由李华宏编撰,介绍了云南省地质灾害概况及气象风险预警现状;第 2 章由胡娟、闵颖编撰,详细介绍了如何选取地质灾害预警关键影响因子并建立云南省地质灾害气象风险精细化预警模型的过程;第 3 章由胡娟编撰,介绍了针对怒江流域突出的地质灾害预警防御需求,进行重点区域地质灾害精细化预警技术研究的情况;第 4 章由胡娟、杨素雨、闵颖编撰,介绍了气象要素的空间细化方法、精细化定量降水预报技术研究及产品应用情况;第5章由李华宏编撰,介绍了对云南境内雷达径向风、反射率因子观测数据开展同化研究来保障区域高分辨率降水预报产品质量的技术方法;第6章由许迎杰编撰,详细介绍了云南省地质灾害气象风险精细化预警系统的开发技术和系统功能;第7章由杨竹云、李磊编撰,介绍了在云南省地质灾害气象风险精细化预警技术研究成果支撑下省级地质灾害气象风险预警业务开展概况及气象风险产品检验情况。全书由李华宏统稿。

本书的编写,得到云南省气象台杞明辉台长的大力支持。云南省气象台万石云、陈小华、李超、周德丽、赵宁坤、刘雪涛、许彦艳等项目小组成员做了大量基础性工作。云南省气象科学研究所段旭、王曼,云南省地质环境监测院杨迎冬等专家提供了热忱帮助和指导,王亚明审校了全书,在此一并表示感谢。

地质灾害的发生是多种因素共同作用的结果,其致灾机理及预警技术研究方面还有很多问题和细节有待进一步深究。编写本书的目的,是希望能够起到抛砖引玉的效果,引导地质灾害气象风险预警技术不断进步,有效提升地质灾害的防御能力。由于编写人员水平有限,书中错漏之处在所难免,恳请读者批评指正。

作者
2016 年 4 月

目　录

第 1 章　云南省地质灾害及气象风险预警概况

云南一直是地质灾害最严重的地区之一。复杂的地理环境下,脆弱的地质条件是地质灾害形成和发展的内在因素,强降水或持续降雨天气则是地质灾害发生的最关键诱因。在特定的地质条件下,基于降水因素与地质灾害之间的相互关系,开展地质灾害气象风险预警服务无疑是一种科学、有效的防灾减灾途径。

1.1　云南省地质灾害概况

1.1.1　地理环境概况

（1）地形地貌

云南省位于中国西南部,北依广阔的亚洲大陆,处于世界屋脊青藏高原东南缘与云贵高原的结合部,是一个低纬度、高海拔、山地高原为主的边疆内陆省份。境内多山,山地面积约占全省总面积的 94%,群山之中交错分布着大小不一的断陷盆地和湖泊。云南地势总体呈北高南低、阶梯状下降分布,境内海拔落差极大、地形陡峭。其中怒江、金沙江和澜沧江峡谷最为突出,山岭和峡谷的相对高差均在 1000 m 以上。云南的地貌种类复杂多样,有皱褶地貌、断层地貌、河流地貌、风化重力地貌、喀斯特地貌、丹霞地貌、火山地貌、土林及沙林地貌等。境内山河及地貌总体分布受大断裂带控制,形成从西北角向东、南、西南三面展开的扫帚状分布样式。云南山高坡陡、河流纵横、断陷盆地星罗棋布的地形,复杂多样、破碎松散的地貌为滑坡、泥石流等地质灾害的频繁发生提供了必要的物源条件和内在因素。

（2）地质构造及地震活动

云南地处亚洲板块与印度板块交接部位,由于相邻板块经向、纬向交替挤压、滑移,经历了海陆变迁、岩浆喷发、褶皱、断裂等地质构造过程,是亚洲大陆活力最强、地质构造最复杂的地区。强烈的构造运动一方面加剧了地形高差,有利于流水侵蚀作用增强,另一方面造成地质带断裂、岩面破碎,有利于散碎物质堆积和增加,促进泥石流、滑坡的发育和发生。云南的地质构造运动不仅控制着地貌的发育,也基本控制着地质灾害的区域分布。在断裂交汇的部位,垂直差异运动最剧烈的地段往往也是滑坡、泥石流密集分布、活动频繁的区域。如小江断裂带、怒江断裂带、大盈江断裂带、红河断裂带等都是地质灾害比较活跃的高风险区(唐川 等,1997)。

从地震区域划分看,云南属于南亚地震系,青藏高原中南部地震区,该区域应力集中,地震频繁、灾害严重。有史料记载以来,云南就是地震灾害高发区域之一,省内广泛分布着小江地震带、大关－马边地震带、中甸－大理地震带等多个地震活跃区。近年来,云南的地震灾害依然很严重,仅 2014 年就发生了"4·5"永善 5.3 级地震、"5·24"盈江 5.6 级地震、"8·3"鲁甸 6.5 级地震、"10·7"景谷 6.6 级地震及多次大于 5.0 级以上余震。频繁发生的地震会显著降低岩土体的强度,严重破坏自然斜坡的稳定性,增加地表破碎程度和堆积物,进一步加剧滑坡、泥石流等地质灾害的发生频率、范围和灾情。

(3)气候环境

云南属于典型的低纬高原季风气候。由于冬半年和夏半年分别受大陆性气团、热带海洋气团控制,形成了干(11月至次年4月)、湿(5—10月)季分明的气候特点。夏半年受东亚季风和南亚季风交叉影响,降雨充沛、暴雨频发,5—10月累积雨量占全年总降水量 85％以上(秦剑 等,1997)。由于海陆位置、地形分布及主要影响天气系统之间的差异,云南境内的年降水量空间分布极不均匀,总体呈南多北少、东西两侧多中部少的趋势分布。滇中及以北区域年平均降水量在 1000 mm 左右,滇南地区在 1500 mm 左右,滇西南及南部边缘、怒江北部、曲靖南部普遍在 1500 mm 以上。由于地貌复杂、海拔落差悬殊,云南气候垂直变异极大,局地强降水特别突出。如,西南部的西盟、南部边缘的江城和河口、东部的罗平等县(区)年平均降雨量和短时强降水频次明显高于附近区域。在金沙江、红河等干热河谷地带,年平均降雨量及降雨强度则明显偏小。

在复杂的地理环境下,降雨气象因素是地质灾害发生的最关键诱因。降雨一方面对土体进行渗透和侵蚀,消减土体抗剪强度。随着土壤趋于饱和,土体孔隙水压力和下行动力增加,崩塌、滑坡等灾害风险也不断增加;另一方面汇流而下的雨水裹挟地表散碎物质向下游运动,并对周围土体形成巨大的冲击作用,直接引发泥石流和滑坡等灾害。

1.1.2 地质灾害特征

(1)地质灾害定义

地质灾害是指在自然或者人为因素的作用下形成的,对人类生命财产、环境造成破坏和损失的地质事件。云南属于地质灾害多发省份,最为常见、危害较大的地质灾害类型有崩塌、滑坡和泥石流(以 2014 年为例,云南省共发生地质灾害 646 起,其中崩塌 71 起、滑坡 483 起、泥石流 72 起,三类灾害占总数量的 97％。),几类灾害之间既有区别又相互转化和相伴发生。从具体定义看,崩塌、滑坡是指岩块、土体在失稳情况下,向下倾落或滑动的地质现象。崩塌和滑坡通常产生于相同的地质构造环境和地层岩性构造条件下,在一定条件下可以相互转化和相伴发生。泥石流则是由于降水而形成的一种携带大量泥沙、石块等固体物质条件的特殊洪流。从本质看,水源条件对泥石流的发生更为关键(韦方强 等,2004)。但泥石流与崩塌、滑坡的关系同样非常密切,有利于崩塌、滑坡发生的地形地貌、岩性构造通常也是泥石流高发区。一方面,崩塌、滑坡产生的散碎物质是泥石流发生的重要固体物源。另一方面,气象降水既是引起岩块、土体失稳的重要诱因,也是触发泥石流的关键因素,有时崩塌、滑坡在运动过程中往往直接转化为泥石流。由于崩塌、滑坡和泥石流之间有着相互转化、不可分割的密切联系,且发生区域地形陡峭、地质脆弱、降水集中等关键因素非常相似,因此,在本书中将各类灾害统称为地质灾害,进行气象风险专业预警研究。

(2)灾情及危害

云南是我国地质灾害发生最严重的省份之一,每年因灾死亡人数是全国各省平均的 5.4 倍,经济损失是全国各省平均的 1.7 倍。地质灾害严重危害着云南境内城镇、交通、水利设施、矿山及农业生产。云南省地理研究所建立的云南省滑坡、泥石流灾害数据库统计结果表明,截至 20 世纪末,全省有滑坡灾害点 2018 处、崩塌 525 处、泥石流沟 2496 条。这些地质灾害隐患点直接危害或威胁着 35 个县(市)、160 多个乡镇、3000 多个自然村、3000 多公里公路、1000 余座水电站或水库、150 多个大中型厂矿(唐川 等,2003)。进入 21 世纪以来,云南的地质灾害仍然偏重发生,灾害隐患点不断增加,国土部门地质灾害调查与区划资料统计显示,截至 2008 年年末,全省数据库录入地质灾害及地质灾害隐患点达 20156 处。据民政部门统计,21 世纪以来平均每年因地质灾害死亡(包括失踪)102 人(图 1.1.1),是导致人员死亡人数最多的自然灾害。

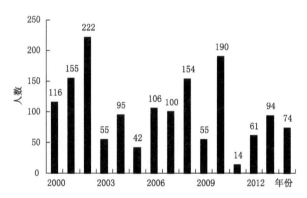

图 1.1.1　2000—2014 年云南地质灾害因灾死亡人数逐年分布

灾情最重的年份为 2002 年和 2010 年,因灾死亡分别为 222 人和 190 人。例如 2010 年先后发生了怒江州贡山县普拉底乡"8·18"特大泥石流和保山市隆阳区瓦马乡"9·1"大型滑坡灾害。普拉底乡"8·18"特大泥石流造成 39 人死亡,53 人失踪;瓦马乡"9·1"大型滑坡造成 29 人死亡,19 人失踪(图 1.1.2)。灾害数量多、灾情损失重、危害范围广是云南地质灾害的真实写照。地质灾害在造成大量人员伤亡的同时,严重制约了云南省特别是边远山区的经济发展。

图 1.1.2　2010 年 9 月 1 日保山市隆阳区瓦马乡滑坡灾情

(3)灾害空间分布

云南省地质灾害的空间分布具有明显的区域性特征,总体上呈现西北多东南少的特点。从最近十多年地质灾害事件空间分布看(图 1.1.3),云南滑坡、泥石流灾害的高发区位于保山市、迪庆州维西县、怒江州福贡县、大理市、昭通市和红河州金平县,12 年发生滑坡、泥石流灾害的次数在 20 次以上。其中保山市腾冲县 12 年发生滑坡、泥石流灾害的次数为 52 次,平均每年接近 5 次。云南滑坡、泥石流分布的总趋势是以宣威—腾冲为分界线,分界线西北部灾情比较多,而分界线东南部灾情除了玉溪市南部和红河州南部以外,大部分地区的灾情比较少。云南省地质灾害的空间分布具有西多东少,西北多东南少的特点。这种分布与云南省自东南向西北,海拔、高差、坡度逐渐增大的地形变化规律相对应。这一分布特征基本与唐川(2003)等人早期根据滑坡、泥石流灾害普查和地形地质环境因素得到的滑坡、泥石流分布划分结论一致,即:滇西北和滇东北分布密度高区;滇西南和滇中分布密度中区;滇南和滇东分布密度稀区。由于受自西北向东南的构造运动控制及大型流域边界附近地质条件影响,地质灾害密集分布于怒江、澜沧江、元江和金沙江沿岸及主要支流附近。

(4)灾害时间分布

云南省地质灾害的时间分布具有明显的月际变化和年际变化,其中地质灾害在6—9 月集中爆发的特征尤其突出。从最近十多年地质灾害事件逐月时间分布看,云

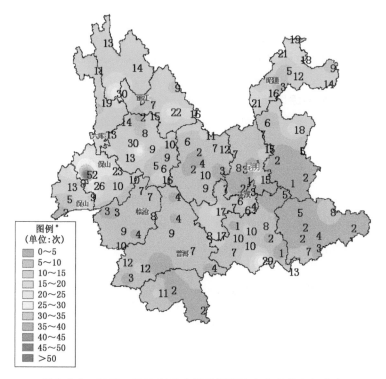

图 1.1.3　2000—2011 年云南滑坡泥石流灾害事件空间分布

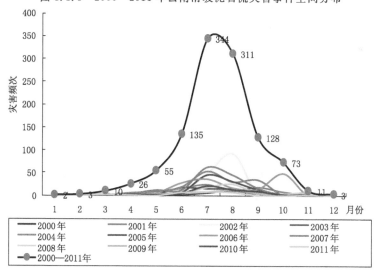

图 1.1.4　2000—2011 年云南滑坡泥石流灾害事件逐月分布

*注:本书云南省图左下方的图例中,表示地质灾害次数,降水量,日数等要素行中的第二个数字,代表小于此数的值。

南滑坡、泥石流灾害主要集中在 5—10 月，呈明显的单峰型。6—9 月是地质灾害高峰期，灾害次数占全年的 83.4%，其次是 5 月、10 月，灾害次数分别占全年的 5% 和 6.7%（图 1.1.4）。地质灾害的高发期与云南主汛期总体对应，均出现在夏半年。但云南滑坡、泥石流次数明显增多的月份（6 月）略滞后于暴雨明显增多的月份（5 月），这主要由于云南为典型季风气候，干湿季节分明。雨季开始前，大部地区雨水稀少，土壤含水量较少，各类地质灾害均不易发生（地震诱发除外）。随着雨季到来，强降雨天气增多，泥石流类地质灾害随之增加。滑坡类地质灾害则是在雨季开始一段时间后，土壤含水量趋于饱和才集中爆发。从年际变化看，最近十多年的地质灾害发生频次有较大差异，灾害较多的年份为 2002 年、2004 年、2006 年、2007 年，每年发生的灾害接近 150 次。地质灾害较少的年份为 2000 年、2009 年、2011 年，灾害频次在 50 次以下。从逐年比较看，地质灾害高峰值出现的时间也存在一定的差异。这与年降水总量和雨季开始期的年际变化有一定相关关系。

1.2　地质灾害气象风险预警技术

1.2.1　地质灾害专业预警概况

（1）地质灾害防治措施

为有效应对地质灾害，最大限度地减轻滑坡、泥石流等灾害对地方经济、生命财产、生态环境的破坏，国外科学家们早在 20 世纪初就开始了较大规模、有针对性的研究并进行了有效的防治实践。尽管国内的相关工作开展较晚，目前在地质灾害活动规律、风险评估、发生机理、工程治理、专业预报预警等方面亦取得了显著的进步。总体而言，防御和治理地质灾害的有效措施分为工程措施和非工程措施两大类。工程措施主要指针对地质灾害隐患特点，主动采取工程施工来有效降低灾害危险性技术手段，如：修建排水沟、锚固工程、边坡治理、堆积体清除、分层挡墙控制等技术处理。在这方面，日本、美国等都取得了明显的治理效果，并开始注重灾害治理和生态效应的有机结合。在国内也有很好的地质灾害防治实例，如：针对云南省东川区境内大桥河泥石流沟灾害频繁现状，从 1976 年开始采用修建拦砂坝 8 座，修建排洪道 6400 m 并辅以植树造林等生态措施，经过 5 年的治理大桥河泥石流得到有效抑制，爆发规模和频率大大减少。工程施工是最直接、有效的地质灾害防治措施，需要投入的人力、物力也非常可观。

非工程防治措施是指为防治地质灾害所采取的工程措施以外的其他办法，主要关键技术包括：通过灾害普查认识灾害规律，提出危险性区划；研究灾害形成机理和运动规律；建立灾害预报预警模型，研发灾害监测预警技术；开展灾害防御科普，提高民众自我防范素质；开展专业预警，科学指导民众规避灾害风险等内容；也包括针对受地质灾害严重威胁而又难以进行有效防治的城镇和重要设施,进行搬迁或灾前撤离疏散等措施。非工程措施是工程措施的有效补充,是经济高效的重要防灾减灾手段。在非工程防治措施中,通过建设专业监测网络、进行预报预警技术研发,开展专业预警业务是促使地质灾害防治从被动转向主动,实现高风险区域广覆盖、防治技术可持续发展的有效途径。目前,中国香港、美国、日本等都建有暴雨型地质灾害预报预警模型,基于降水强度、持续时间等监测及临界雨量指标研究,开展了日常预警业务。在国内,在地质灾害较为严重的汶川、舟曲、东川等区域和江西、重庆等省份,以灾害成因分析和形成机理研究为基础,也建立了不同层次、不同尺度的滑坡、泥石流灾害预报预警系统,并进行了有效的业务实践(文海家 等,2004;崔鹏 等,2005;2014)。

　　要取得最佳的地质灾害防治效果,针对灾害特点因地制宜地采取工程措施和非工程措施才是最佳防治减灾策略。经过多年的实践和总结,目前国内地质灾害防治工作,实行预防为主、避让与治理相结合的方针,充分利用灾害的资源属性,探索将灾害治理、区域脱贫和可持续发展有机结合的有效途径和技术模式。《全国地质灾害防治"十二五"规划》明确提出:到 2020 年我国全面建成地质灾害调查评价体系、监测预警体系、防治体系和应急体系,使地质灾害造成的人员伤亡明显减少。《云南省人民政府关于印发云南省地质灾害综合防治体系建设实施方案》明确指出要做好地质灾害调查评价、监测预警、搬迁避让与工程治理、应急处置"四大体系"建设工作。地质灾害调查评价是基础,是为了摸清灾害分布、严重程度及活动规律;监测预警是重要手段,地质灾害监测预警体系能够及时捕捉地质环境条件变化信息,适时发出防灾减灾警示信息,为避险决策和应急处置提供关键性依据。借助专业监测预警业务产品指导高风险地区群众及时采取预防或避灾措施,最大限度地减轻地质灾害损失。

　　(2)地质灾害专业预警技术

　　由于云南省地质灾害分布区域广、隐患点多、累计灾情损失重,除了针对特别严重的区域或隐患点进行专项工程治理外,基于专业预警指导群众联防的办法无疑是防御地质灾害的有效途径之一。地质灾害预警是地质学和预测学科的交叉分支学科。由于技术方法、预报时效、预报要素的差异,地质灾害的预报预警技术可以从不同角度划分出多种内涵。一般而言,区域性地质灾害时空预报预警研究方面的发展大致分为两类:一类是以泥石流水位、滑坡位移等监测数据为基础,结合地质灾害发生机理模型研究而开展地质灾害临近预警;一类是基于气象降雨观测和灾情统计,研究降雨过程与地质灾害时空分布的对应关系,开展地质灾害短期和短时风险预警。这两种预警方法各有侧重,前者强调地质灾害的启动、致灾机制研究,后者强调外界触发诱因的相关性研究。

　　由于专业观测网络的缺乏,加之地质灾害致灾机理复杂、局地特征明显,所以目前对研究人员来说,滑坡体启动机制、稳定性相关力学参数等还是一灰色问题,难以进行滑坡实体综合预报。已有的地质灾害预报预警实践中,通过灾害与诱发因素相关性研究建立预警模型并开展预警业务的技术应用更为广泛。早期的地质灾害预报预测主要是基于经验统计学方法,后期逐渐引入现代数理科学及 GIS、GPS 等技术。美国、日本等较早就开始了地质灾害预报预警系统研发及试验。1985 年美国地质调查局和美国国家气象局通过研究滑坡灾害数据,建立了滑坡与降水强度、持续时间的临界关系曲线,并将其作为滑坡实时预报经验曲线建立了滑坡实时预报系统。在国内,吴积善(1987)等针对云南东川泥石流长期观测数据开展了泥石流预报预警模型研究,提出了暴雨泥石流规模预测理论和方法,进行了地质灾害区域预警的有效探索。随后国内学者在影响因素综合考虑、预警模型及预警指标精细化等方面相继进行了很多的研究和成果应用试验。近年来,李为乐(2013)等针对汶川震区打色尔沟物源分布及灾害风险特征,在不同高程布设雨量计 3 套、泥位计及视频监测系统 3 套、次生波监测系统 1 套,并建立了预警决策示范系统。这种建立齐备的专业监测系统、综合应用各类观测资料,研究预警判据,研发考虑多种诱发因素和致灾机理预警业务系统的思路基本代表了未来地质灾害专业预警技术的发展趋势。云南省国土部门在怒江等流域也开展了类似试点研究,但对于点多面广的地质灾害,专业监测网络的构建明显不足,各类观测资料的综合应用也才刚刚起步,预警指标的客观化程度较低,已有的示范点预警系统业务可用性及推广普遍性十分有限,地质灾害监测预报预警技术手段的细化和完善亟需大量的专业研究和业务试验工作。

1.2.2　地质灾害气象风险预警技术

(1)主要技术思路

地质灾害的影响因素包括地形地貌、地质条件、植被状况、气象条件、人类活动等多种因素。在一定的时段内,地形地貌、地质条件、植被状况等因素是相对固定的、内在的。除去不规则、难以预测的人为因素,气象降水因素是地质灾害的最主要诱因,也是最具有可预报性的关键环节。据统计,由局地暴雨、持续降水引发的滑坡、泥石流等占所有地质灾害的 90% 以上,地质灾害与强降水频次、前期累计降水量等信息有很好的相关性,具有较高的规律性。在地质灾害发生及致灾机理研究尚不成熟,相关预警业务试验还局限于示范点(或某特定沟谷)的情形下,从气象降水诱发因素着手开展相关研究和业务试验是最为便捷、经济、高效的地质灾害防御措施。从 2003 年开始,国土资源部和中国气象局把地质灾害形成的地面条件与气象定量降水预报业务相结合,在每年汛期联合开展基于降雨诱发因素为主的地质灾害气象预警预报业务工作,并借助垂直管理优势推动了地质灾害多发区省、州(市)、县的地质灾害气象预报预警业务发展。例如:毛以伟等(2005)、王仁乔等(2005)分别通过大批量山洪(泥石流)、滑坡灾害个例与同期气象降水相关性分析,用点聚图等方法确定了临界雨量,建立了灾害预报预警指标并在湖北投入业务应用。单九生等(2004、2008)通过江西滑坡灾害与同期降水特征研究,充分考虑前期降水及贡献大小,建立了基于日综合雨量的滑坡预测统计模型,研发了滑坡灾害预报预警实时业务系统,并在江西预报服务中取得了较好的防灾减灾效果。目前地质灾害预报预警方法一般是基于降雨参数和灾害事件的统计关系建立相关预警模型,改进的模型则考虑了灾害形成的地质地貌条件。较常用的降雨参数包括降雨强度、降雨历时、累计雨量及前期降雨量。

由于地质灾害发生机理的复杂性,滑坡、泥石流等灾害与降水参数之间不可能存在一个确切的临界值。因此,通过研究降水参数与地质灾害发生概率之间相关性,一定程度上可以提供较为可靠的预测信息,通过概率拟合技术可能得到较为合理的模型对应关系,继而提供地质灾害风险预警等级信息。因此,2013 年 5 月国土、气象两部门再次联合下文将地质灾害气象预报预警业务调整为地质灾害气象风险预警业务,业务内容进一步规范,服务针对性也逐步增强。两部门联合开展地质灾害气象预警预报业务以来,随着地质灾害气象预警预报精细化水平不断提高,科技支撑不断加强,基层防灾减灾效益日益显著,为地质灾害的专业预警、群测群防及灾害防御科普宣传打开了良好局面。与投资巨大、无法实现大范围防治的工程措施相比,地质灾害气象风险预警业务目前已成为国内跨专业、多层次、广覆盖的地质灾害防治重要非工程措施。

(2)云南省业务概况及需求

云南作为地质灾害重灾区,在地质灾害气象预报预警技术研究方面有一定的成果积累。唐川等(1995,2005)通过对云南地质灾害多年的调查、研究,在云南省滑坡、泥石流区域分布特征、风险评估、防治对策方面取得了丰硕的成果,并在澜沧江流域开展了滑坡、泥石流短期预报试验,针对全省雨季地质灾害开展了长期趋势分析。张红兵(2006)基于地质灾害危险度指数、降雨作用系数等建立了云南省地质灾害气象预警系统,并联合国土和气象业务部门开展了"云南地质灾害气象危险等级预报"。段旭等(2007)、彭贵芬等(2006,2008)对云南不同地质条件下滑坡、泥石流与降水的关系进行了统计分析,采用 PP-ES 模式,建立了以时间分辨率为 12 h,水平距离分辨率为 30 km 的滑坡、泥石流灾害气象等级预报产品为主要内容的云南省精细化滑坡泥石流灾害气象监测预警系统。并以中尺度数值模式 MM5 定量降水产品为驱动进行了业务试验。上述研究成果代表了当时较为先进的预警技术和理念。随着观测网络的健全和细化、定量降水预报准确率的提高以及防灾减灾需求的不断增加,原有的预报预警技术和业务系统已经远远不能满足业务发展和社会服务的需求。综合起来,主要存在以下几个方面的问题:①地质灾害气象预警模型中对地形参数使用比较粗糙,对地质灾害风险最新普查成果应用不足;②随着观测网络时空分辨率的提高和灾害个例的补充,降雨和地质灾害统计模型需要细化和完善;③地质灾害事件局地性特征非常明显,原有以县级行政区为最小预警区域的预报预警产品已经无法适应地质灾害气象风险预警服务的需求;④原有业务系统直接以 MM5 模式预报产品为驱动,对定量降水预报这一关键因子的研究和评估明显不足,预警产品的质量和针对性难以保障。伴随定量降水监测、预报技术的发展和产品细化,可以为高时、空分辨率预报预警产品提供更多的选择和坚实的技术支撑。面对日益增长的服务需求和当前业务存在的问题和不足,综合考虑地质因子和气象降水诱发因素,建立精确的地质灾害气象风险预警模型,细化预警产品时间、空间分辨率,完善地质灾害气象风险预警业务,及时开展有效的专项预警服务成为亟待研发攻关解决的一项重要任务。

第 2 章　地质灾害气象风险精细化预警技术

地质灾害的形成是地质条件、气象条件、人类工程活动等多种因素综合作用的结果,气象降水是诱发地质灾害的主要因素之一,不同的降水量、降水强度及其发生时间对地质灾害的贡献又有差别,因此,地质灾害的气象风险预警必须综合考虑上述因素。针对云南地质灾害空间分布不均、局地性强等特点,本章综合考虑地质灾害风险区划背景、累积雨量、雨强的贡献及衰减,基于高分辨率(3 km×3 km)的风险区划、前期降水实况、未来时效内定量降水预报信息,建立了云南省地质灾害气象风险精细化预警模型。

2.1　地质灾害与降水的关系研究

2.1.1　地质灾害与降水的时间分布特征

降水作为滑坡、泥石流等灾害的关键诱因,与地质灾害的关系十分密切。因此,本节从降水和地质灾害的时空分布特征入手,分析云南省降水和地质灾害之间的相关关系。

通过整理云南省气象台收集的 2000—2011 年的地质灾害资料以及云南省国土资源厅和“地球系统科学数据共享平台”提供的部分灾情资料,得到省内有灾情记录的 116 个县共计 1101 个发生时间清楚、灾情种类明确的个例。在统计灾情时以“县”和“天”为单位,当一天中某县有多个乡镇发生地质灾害或一天发生多次地质灾害,均记为该县当天发生灾情 1 次。降水资料采用云南省 125 个国家级地面气象观测站 2000—2011 年逐日 24 小时累积雨量(表示为 $R_{24 h}$),累积时段为当日 08:00—次日 08:00。为与灾情资料匹配,分析降水的时间分布时删除没有收集到灾情的曲靖、沾益、陆良、安宁、太华山、路南、弥勒、普洱、六库 9 个县站的资料。

云南省干湿(雨)季节分明,雨季(每年 5—10 月)集中了全年 85%～95% 的降水,并且单点性大雨、暴雨时常在雨季出现,对地质灾害的发生起到关键性作用。统计省内各月出现的地质灾害次数,与全省多年月平均降水量进行对比分析,如图 2.1.1 所示。由图可见,地质灾害频次和降水具有明显的月际变化特征,两者的变化趋势一致,都为单峰型分布,且降水增多,则灾害频次增加,降水减少,则灾害次数减少。地质灾害主要出现在雨季,其中7—8月灾害发生的频率显著上升,与降水的时间分布特征吻合。干季(11月—次年4月)也有地质灾害,但出现的频率低。在1101个灾害样本中,发生于干季的样本有54次,仅占总灾情次数的5%左右。由此表明降水因素是导致地质灾害频繁发生的重要原因。

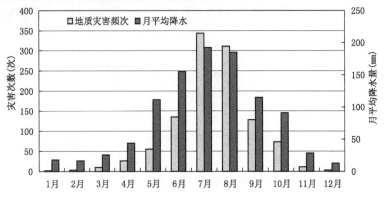

图 2.1.1　云南省地质灾害频次与月平均降水量月际变化

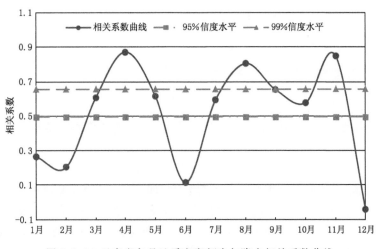

图 2.1.2　云南省各月地质灾害频次与降水相关系数曲线

　　计算各月地质灾害次数与当月多年平均降水的相关系数(图2.1.2),发现两者之间具有很高的正相关关系。除1月、2月、6月、12月外,其余各月都通过95%的信度检验,4月、8月和11月的相关系数通过99%的信度检验。降水与灾害次数的高度正相关说明降水多,则地质灾害多,降水少,则地质灾害少。尤其干湿转换的季节(4月、10月)和降水多的季节(7月、8月),降水的累积效应与地质灾害的相关作用更为显著。

　　通过上述分析,揭示了云南省地质灾害与降水之间的时间统一性规律,两者具有一致的时间变化,并有较高的正相关关系。从逐年灾害次数与年平均降水的对比图(图 2.1.3)分析可知,对大部分年份而言,当年平均降水量大于多年平均降水量时,则该年地质灾害频发,反之亦然。用 $\overline{X}\pm S$($\overline{X}$ 代表平均值,S 代表标准差)的指标划分降水特多年和降水特少年。降水特多的 2001 年,灾害次数低于平均水平,但是降水特少的 2009 年和 2011 年地质灾害也少。地质灾害的频繁与否和年降水量多寡并不完全一一对应,主要有两方面原因,一方面是灾情收集的不全面,尤其年代越远,则灾情收集工作越不完备;另一方面说明降水只是影响地质灾害的因素之一,但不是唯一因素。

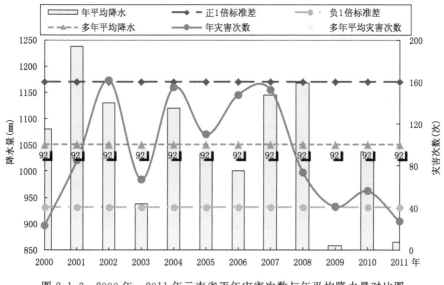

图 2.1.3　2000 年—2011 年云南省逐年灾害次数与年平均降水量对比图

云南省地处低纬高原,地势由北向南呈阶梯状下降,而且省内气候类型多样,立体气候特征显著,因此,降水的区域性特征也很明显。综合考虑地域分布差异、气候分布特点和行政区划特征等要素,云南省 16 个州市划分为五个气象地理区域:滇东北(包括昭通、曲靖)、滇东南(包括文山、红河)、滇中(包括昆明、楚雄、玉溪)、滇西南(包括普洱、西双版纳、临沧、保山、德宏)、滇西北(大理、丽江、怒江、迪庆)。分别统计五个区域 2000—2011 年的灾情情况,并与相应区域的多年月平均降水进行对比分析(图 2.1.4)。

由图 2.1.4 可见,五个气象地理区域降水的月际变化趋势一致,5—10 月为全年降水多雨时期,主汛期在 6—8 月。除滇东北的降水峰值出现在 6 月外,其他四个区域的降水峰值都在 7 月。滇东北、滇中的降水量较其他区域偏少,主汛期各月降水量均在 200 mm 以下,滇西南的降水量最多,主汛期各月降水量在 200~300 mm 范围内。分析各区域地质灾害的时间序列,与降水的分布形态基本相似,但滇东北和滇中

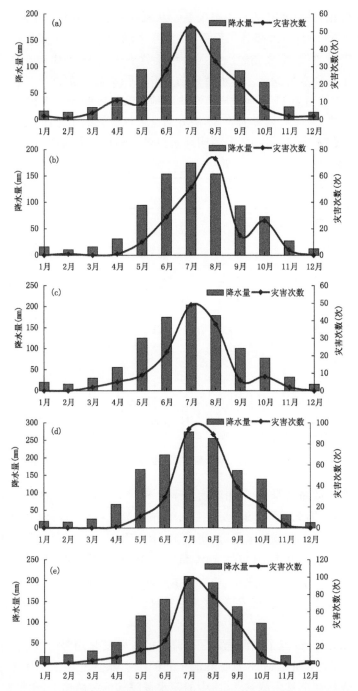

图 2.1.4　云南省各气象地理区地质灾害频次及降水逐月分布线柱图
（a.滇东北；b.滇中；c.滇东南；d.滇西南；e.滇西北）

的灾害次数峰值落后于降水峰值一个月,并且滇中区域的地质灾害更近于双峰型分布,第二个峰值出现在 10 月,这种特征在滇东南也有体现,但不如滇中明显。滇东北 4 月时有一个地质灾害小高峰。分析部分地区地质灾害出现双峰型分布的原因,主要与云南省的降水特征有关。云南省各地雨季开始期和结束期有所不同,平均而言,省内 5 月开始自东向西、自南向北逐渐进入雨季(除怒江及保山、德宏部分地区外),而从 9 月中下旬起,各地逐渐进入雨季结束期,并有雨季开始早则结束迟,雨季开始迟则结束早的特征,在干湿季节转换的时期,易出现久旱转雨、久雨转旱等转折性天气。滇东北、滇中、滇东南地质灾害的第二峰值均出现在干湿季节转换期,说明降水过程突然转变也易导致地质灾害的频发。

降水对地质灾害的影响除了累积雨量外,降水强度也是一个重要方面。分析每月多年平均强降水($R_{24\ h} \geqslant 25$ mm)日数和当月灾情次数的关系(图 2.1.5),发现其分布形式与图 2.1.1 近似,同样存在单峰型曲线和 7 月的峰值区。雨季时强降水日数多而灾情频繁,强降水日数占总样本的 92%,而灾害次数占总样本的 95%。干季时强降水日数少,灾情次数也大幅降低。从变化幅度看,进入 5 月强降水日数跳跃式上升,但灾害次数增加的幅度不大。灾害次数明显增多的月份为 6 月,略滞后于强降水日数突变的月份,这是由于云南省是典型的季风气候,干湿季节分明,干季时降水仅占全年降水总量的 5%~15%,土体含水量少,需多次强降水或连续降水后岩土体含水量才能达到饱和状态。此时,土体稳定性明显降低,再受到强降水的激发则极易出现地质灾害。

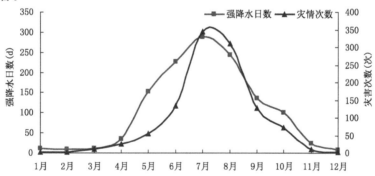

图 2.1.5　云南省多年逐月灾情总次数与多年月平均强降水日数曲线

分析五个气象地理区各灾情样本前 10 天内出现强降水的日数比例(图 2.1.6),强降水在滇东北和滇西北的地质灾害中的贡献最小,有 3 d 及以上时间出现强降水的样本更少。滇西南的地质灾害受强降水的影响较为明显,其次是滇东南,这两个区域 15% 以上的样本均有 3 d 以上的强降水。表明地质和地貌条件较好的地区,地质灾害的发生不仅需要更多的累积雨量,也需要更强的降水推动才能诱发。但滇西北和滇东北两片区域,具有不稳定的内部地质条件,因此,降水的累积效应对滑坡、泥石流等灾害的作用十分明显,若再遇强降水就需引起高度警惕。

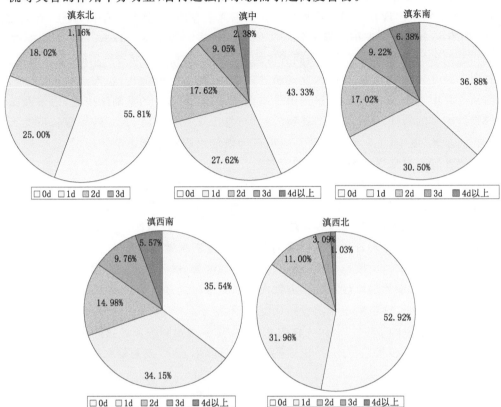

图 2.1.6　云南省各气象地理区灾情前 10 d 出现强降水日数比例分布

2.1.2　地质灾害与降水的空间分布特征

地质灾害与降水的时间变化特征基本一致,本节再从空间分布研究地质灾害与降水之间的联系。

图 2.1.7a 显示了 2000—2011 年省内地质灾害总次数的空间分布,几乎全省各地都有滑坡、泥石流等地质灾害。以宣威—腾冲一线为分界,具有西多东少、西北多东南少的分布特征。保山、怒江、迪庆、大理、丽江南部、玉溪西部、红河南部及昭通是高发区,上述区域在统计时间段内的总灾害次数达 20 次以上,平均每年 2 次以上,其中保山市腾冲县的总灾情次数高达 52 次。曲靖南部、文山、西双版纳东部等地区地质灾害样本数相对较少,年平均灾害次数不足 1 次。这样的分布形式与云南省的地理环境总体趋势相吻合,再次表现出内在地理条件和外在气象条件等综合作用对地质灾害形成的影响。

结合全省多年平均降水(图 2.1.7b)和多年强降水总日数(图 2.1.7c)空间分布

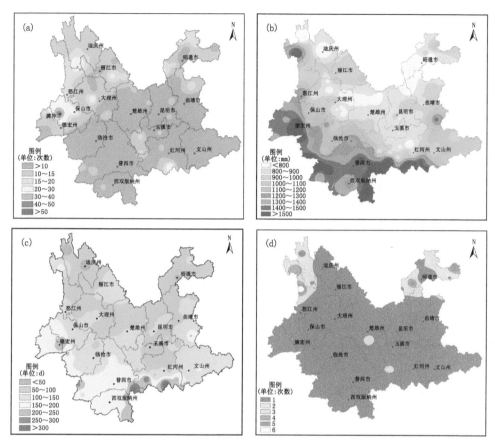

图 2.1.7　云南省地质灾害及降水特征量空间分布图
（a.灾害总次数；b.多年平均降水量；c.强降水日数；d.干季灾害次数）

图分析,多年平均降水量多的滇南、滇西南地区,多年强降水日数也多;同时,曲靖南部和怒江北部的降水中心也对应着强降水日数大值区。多年平均降水空间分布图与强降水日数空间分布图的形式比较接近,说明降水的多寡与强降水的日数也有十分密切的关系。对照图 2.1.7a,滇南和滇西南的降水多而灾害少,滇西北和滇东北降水相对少而灾害多。

　对比地质灾害总次数(图 2.1.7a)和多年强降水总日数的空间分布(图 2.1.7c),滇西南和红河州的强降水日数大值中心与灾害次数的分布中心对应的较好;而滇西北和滇东北发生灾害的频次虽然高,却非强降水日数大值中心。这是由于滇西北和滇东北地形复杂多变,多山脉和丘陵分布,为地质灾害的发生提供了充分的地形条件;一旦出现强降水就极易引发灾害;滇西南和滇南地势较为平坦,植被覆盖较好,对引发地质灾害的有效降水量级要求更高。

　干季的地质灾害较少,集中出现在昭通、怒江北部(图 2.1.7d)。怒江的灾情主要发生在 2—4 月,与怒江北部的"桃花汛"时间相对应;昭通地区主要在 1—4 月出现灾情,与该地区冬、春季受静止锋的影响而导致雨日较多、土壤湿度大,加之地形复杂、地质脆弱有关。综上,降水是诱发地质灾害的一个动力条件、影响因素,地质、地貌在地质灾害的爆发中是基础条件,有着重要作用。

本节再挑选年平均降水和年总灾情次数都较多的 2007 年、年平均降水及年总灾情次数都特少的 2011 年进行对比分析,再次论证降水对地质灾害的影响作用。

2007 年全省大部降水偏多,尤其是保山、德宏、临沧、普洱东部、红河西部一带,降水明显偏多(图 2.1.8a)。与 2000—2011 年期间多年平均降水量相比,仅文山南部、红河东南部、西双版纳南部、普洱西南部、楚雄中部、迪庆南部是负距平(图 2.1.8c)。结合地质灾害次数分布图(图 2.1.8b),地质灾害次数大值中心和降水正距平中心对应较好。该年的地质灾害次数与 2000—2011 年总地质灾害次数间的距平(图 2.1.8d)总体是增加的趋势,尤其滇东北和滇西南的地质灾害较常年偏多,

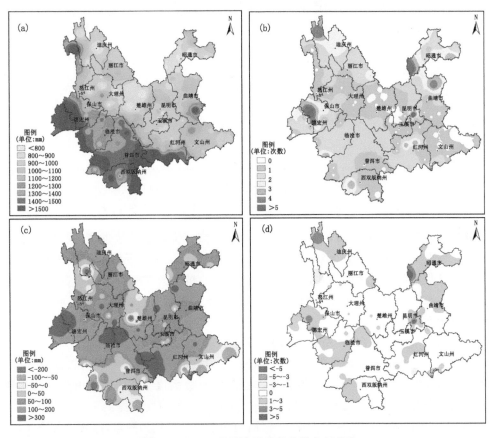

图 2.1.8　2007 年降水及灾情次数空间分布
(a.年降水量;b.年灾情次数;c.距平降水量;d.灾情次数距平分布)

与降水的距平分布形式近似,但是昭通市巧家县和红河州河口县的灾害次数和降水量呈反向变化。

2011 年云南省降水整体偏少,是严重干旱的一年,该年地质灾害次数明显偏少,全省共出现地质灾害 27 次,仅占 2007 年地质灾害总次数(153 次)的 1/6。总体存在降水偏少则地质灾害相应减少的趋势,但对比降水分布图(图 2.1.9a、c)和地质灾害次数分布图(图 2.1.9b、d)并没有很好的空间对应分布规律,仅可见在降水严重偏少时滑坡、泥石流等灾害依然易出现在地质灾害多发区(图 2.1.7a,图 2.1.9b)。

通过对典型年的对比研究,表明地质灾害的形成是多种因素复杂耦合的过程,降水与地质灾害并不完全一一对应,这是地质灾害的随机性和突发性特征,但两者在时空分布上都存在一定的规律性,因此,对降水与地质灾害的规律性和机理性研究还需不断深入。

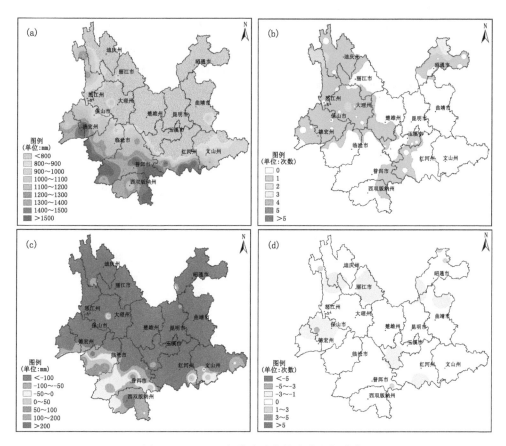

图 2.1.9　2011 年降水及灾情次数空间分布

(a.年降水量;b.年灾情次数;c.距平降水量;d.灾情次数距平分布)

2.2　地质灾害风险区划研究

2.2.1　地质灾害风险区划计算方法

地质灾害的分布规律和爆发受相应地质条件、地貌形态、地层岩性、岩石构造、降雨、人类活动、地震活动等多种因素临界耦合条件累积效应的控制。云南地处低纬高原,海拔高差大,跨越许多不同类型的地质、地貌、气候带等单元,地质灾害分布呈现出明显的地域分布特征。综合考虑影响地质灾害发生、发育的内、外动力环境因素共同作用,进行集成评价,构建区划模型,划分云南省地质灾害不同风险等级区域。

地质灾害风险区划是进行区域地质灾害的空间预测,同时也是预报预警对象范围的确定。区划是区域地质灾害时间预测预报的基础,是更进一步分类精准确定预报预警对象工作的延续,是目前国内外确定预报预警等级最为典型的方法。

现今国内较具代表性的区划方法有三种:一是利用现场调查的地质灾害活动状况、发生频率、规模和沟谷分布密度等指标进行区划,称为直接指标法;二是利用区域内地质灾害发育的背景环境条件,如地形地貌、地质构造、植被分布、土地利用类型等孕灾环境指标进行区划,称为间接指标法;三是利用区域内降水条件、地质灾害分布和活动等动态指标和地质灾害发育背景环境条件等静态指标相结合进行区划,称为综合指标法。综合指标法结合了前两种方法的优点,因此,近年来受到广大学者的重视,在区划中被广泛采用(唐川等,2003;康志成等,2004)。

地质灾害发生受地理地貌、地质构造、气候降水等多种因素共同影响,使其活动规律难以估计,因此,在地质灾害风险区划的研究中采用综合指标方法更为合理,即在确定区划指标选取原则的基础上,选定影响因素指标。处理和计算方法包括:①建立影响因子敏感系数计算模型,计算各影响因子与地质灾害的空间频率组合,即对地质灾害的敏感性分析;②建立区划模型,确定各影响因子的权重系数,并计算出区划综合指数;③对综合指数结果进行等级划分,确定地质灾害危险等级划分标准体系(唐川等,2003;康志成等,2004)。

本节中的地质灾害风险区划具体包括三个方面的内容:①计算各影响因子相应属性与灾害点分布的相对频率,即各因子对应属性对滑坡、泥石流灾害的敏感性;②采用主成分方法建立模型对各因子敏感性结果进行空间集成;③根据集成结果进行等级划分,并进行区划。

（1）敏感性计算模型

地质灾害危险性是由各个影响因子的共同作用综合评定的,分析并计算其贡献率是地质灾害危险区划的基础和关键(唐川等,2003)。分析模型采用计算概率的方法对研究区各影响因子的相应属性类型与地质灾害点进行对应频率组合的定量计

算,其计算公式如下:

$$P(A)_{ks} = \frac{1}{C_{ks}} \sum_{i=1}^{n} D_{is} \tag{2.2.1}$$

式中:$P(A)_{ks}$ 为因子 k 的某属性 s 的灾害点出现的相对频率(因子敏感性);D_{is} 为对应某因子 k 中某属性 s 的灾害点总的个数;C_{ks} 为对应的某因子 k 的某属性 s 的面积;n 为某因子 k 的某属性 s 对应的栅格单元数。

对各影响因子进行空间插值的分辨率为 3 km×3 km,每个栅格单元面积为 9 km²,因此,式(2.2.1)计算的各因子相应属性的敏感性结果单位取为"个/9 km²"。将各影响因子的属性分类,然后进行概率统计分析,按式(2.2.1)计算地质灾害点在每个因子相应属性类型中的数量比例,即每个因子对应属性类型的敏感系数(单位:个/9 km²),其计算结果见表 2.2.1。

表 2.2.1 各影响因子敏感系数(单位:个/9 km²)

海拔高程(km)		地形坡度(°)		年大雨日数(d)		年暴雨日数(d)		临界雨强(mm)	
类型	敏感系数	类型	敏感系数	类型	敏感系数	类型	敏感系数	类型	敏感系数
<0.4	0.202	<5	0.061	<3.3	0.086	<0.4	0.101	<50	0.094
0.4~0.8	0.082	5~10	0.043	3.3~7.5	0.095	0.4~0.8	0.118	50~60	0.080
0.8~1.5	0.077	10~15	0.048	7.5~11.6	0.055	0.8~1.6	0.079	60~70	0.091
1.5~2.4	0.054	15~20	0.049	11.6~15.8	0.050	1.6~2.5	0.038	70~80	0.077
2.4~3.0	0.042	20~25	0.060	15.8~20	0.028	2.5~3.3	0.044	80~90	0.05
3.0~3.5	0.024	25~30	0.079	20~23.3	0.019	3.3~4.2	0.042	90~100	0.029
3.5~4.0	0.004	30~35	0.091	23.3~26.6	0.012	4.2~5	0.026	100~110	0.039
>4.0	0.002	35~40	0.103	>26.6	0.027	5~5.8	0.022	110~130	0.033
		>40	0.115			5.8~6.7	0.005	>130	0.009
						>6.7	0.017		

(2)风险区划计算模型

1)影响因子权重的确定

在地质灾害危险区划中,影响因子权重计算方法多用统计学方法,如层次分析法、平均数与极差分析法、信息熵计算法和主成分分析法等。其中层次分析法为专家打分评价模型,是半定性和半定量的计算方法。为了使评价结果更为客观,本节采用主成分分析法计算各因子的权重。影响因子选取海拔高程、地形坡度、年大雨日数、年暴雨日数、临界雨强,分别用变量 x_1、x_2、x_3、x_4、x_5 表示,其数值根据各因子相应的属性类型代入表 2.2.1 所列的敏感系数,组建分析矩阵 X 为:

$$X = [x]_{m \times n} = \begin{bmatrix} x_{11} & x_{12} & \cdots & x_{1n} \\ x_{21} & x_{22} & \cdots & x_{2n} \\ \vdots & \vdots & \vdots & \vdots \\ x_{m1} & x_{m2} & \cdots & x_{m2} \end{bmatrix} \qquad (2.2.2)$$

式中：m 为栅格单元个数；n 为影响因子个数。对矩阵 X 做主成分计算，并构建新的主成分变量综合指标为 g_1、g_2、g_3、g_4、g_5，见式（2.2.3），分别对应原变量体系的第 1、第 2、第 3、第 4、第 5 主成分变量。

$$\begin{cases} g_1 = l_{11}x_1 + l_{12}x_2 + \cdots + l_{15}x_5 \\ g_2 = l_{21}x_1 + l_{22}x_2 + \cdots + l_{25}x_5 \\ \qquad \cdots\cdots \\ g_5 = l_{51}x_1 + l_{52}x_2 + \cdots + l_{55}x_5 \end{cases} \qquad (2.2.3)$$

　　主成分分析的计算结果见表 2.2.2 和表 2.2.3。表 2.2.2 显示，第 1 主成分主要反映了年大雨日数、临界雨强和海拔高程的作用。第 2 主成分主要反映了地形坡度和海拔高程的作用。第 3 主成分主要反映了地形坡度的影响。从表 2.2.3 可见，从 g_1 到 g_5，方差贡献率逐渐减小。前三个主成分 g_1、g_2、g_3 的方差贡献率分别为 57.652%、20.322% 和 11.92%，累计贡献率为 89.894%。根据式（2.2.3）代入前 3 个主成分各因子的权重计算新的变量综合指标 g_1、g_2、g_3，计算公式如式（2.2.4）所示：

$$\begin{cases} g_1 = 0.418x_1 + 0.383x_2 + 0.551x_3 - 0.347x_4 + 0.464x_5 \\ g_2 = 0.182x_1 + 0.965x_2 + 0.144x_3 + 0.119x_4 + 0.024x_5 \\ g_3 = -0.856x_1 + 0.208x_2 - 0.167x_3 - 0.084x_4 - 0.436x_5 \end{cases} \qquad (2.2.4)$$

表 2.2.2　主成分各因子的权重系数

主成分各因子	第 1 主成分	第 2 主成分	第 3 主成分	第 4 主成分	第 5 主成分
海拔高程（km）	0.418	0.182	−0.856	−0.243	0.036
地形坡度（°）	0.383	0.965	0.208	0.137	0.014
年大雨日数（d）	0.551	0.144	−0.167	−0.359	−0.720
年暴雨日数（d）	−0.347	0.119	−0.084	−0.453	0.688
临界雨强（mm）	0.464	0.024	−0.436	0.767	0.079

表 2.2.3　各主成分方差贡献率和累计贡献率　　　　　　　单位：%

主成分（g）	贡献率（%）	累计贡献率（%）
1	57.652	57.652
2	20.322	77.974
3	11.920	89.894
4	9.021	98.915
5	1.085	100

2)计算模型的构建

根据式(2.2.4)计算主成分变量 g_1、g_2、g_3 的值和其对应的方差贡献率(表2.2.3),构建地质灾害风险区划综合指数计算模型为:

$$H = \sum_{i=1}^{n} k_i g_i \qquad (2.2.5)$$

式中:H 为区划综合指数;k 为主成分变量的方差贡献率,即主成分变量的权重系数;g 是主成分变量。将对应主成分变量及其权重系数代入式(2.2.5),可以得到滑坡、泥石流灾害危险区划的计算模型为:

$$H = 0.57652g_1 + 0.20322g_2 + 0.11920g_3 \qquad (2.2.6)$$

(3)地质灾害风险区划评价图

通过式(2.2.4)和式(2.2.6)计算每个栅格单元的风险综合指数。由于指数数值小数位数过多,为了方便表达,将综合指数乘以 100,不会影响其量级。然后基于 ArcGIS 采用自然断点分级法,把计算结果划分为低危险区、中低危险区、中危险区、较高危险区和高危险区 5 个等级(表 2.2.4),并且按等级由低到高分别用不同颜色表示风险区等级,由此得到云南省地质灾害风险区划评价图(图 2.2.1)。评价对象

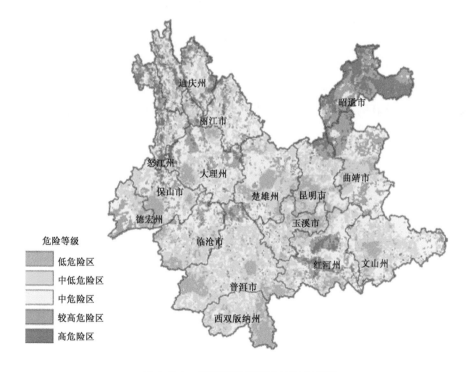

图 2.2.1　云南省地质灾害风险区划图

涉及全省范围约38.2万 km²，评价结果表明高危险区面积31653 km²，占全省总面积的8.3％；较高危险区面积72801 km²，占19.1％；中度危险区97344 km²，占25.52％；中低危险区面积108387 km²，占28.37％；低危险区面积71460 km²，占18.71％。

表 2.2.4　风险区划等级划分标准

等级级别	指数 H	风险区划等级
1	＜ 4.9	低危险区
2	4.9～5.5	中低危险区
3	5.5～6.2	中危险区
4	6.2～7.2	较高危险区
5	＞ 7.2	高危险区

2.2.2　精细化地质灾害风险区划研究

通过2.2.1节的区划方法得到初步的地质灾害风险区划，但是在上节的因子选取中仅考虑了海拔高程、地形坡地和降水（包括3个降水因子）等因素的作用，因子选取还不够充分，计算得出的风险区划图存在一定的缺陷。因此，本节采用 ArcGIS 栅格处理方法，将研究区行政区划图划分成3 km×3 km 的网格或者5 km×5 km 的网格，通过对每一个网格，即评价单元格内的各类地质环境条件因子进行量化分析，采用地质灾害综合危险性指数模型，判断某一个评价单元或某一个小区域内地质灾害发生可能性的大小，最后合并相同属性的单元格，划定出地质灾害易发区。在整个分析过程中，涉及计算的各因子都会按照网格大小进行划分和计算，构建计算模型的因子见图 2.2.2。

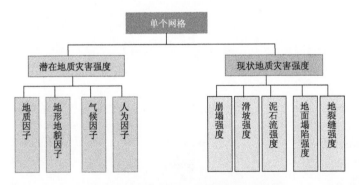

图 2.2.2　地质灾害综合危险性影响因子

　　根据各单元的地质、地形地貌、气候以及人类工程活动等条件,利用 ArcGIS 空间分析功能,求取评价单元的潜在地质灾害强度指数与现状地质灾害强度指数,分级赋值进行换算叠加,获得评价单元的地质灾害综合危险性指数。由于通过集成评价模型得到的地质灾害综合危险性指数的变化级差较小,不利于对地质灾害的空间分级区划进行深入分析,因此,还需对综合危险性指数进行标准化处理,如下式所示:

$$U' = \frac{U - U_{\min}}{U_{\max} - U_{\min}} \times 100$$

式中:U'——地质灾害危险度综合评价指数的归一化值;U——地质灾害危险度综合评价指数;$U_{\min}$——地质灾害危险度综合评价指数的最小值;U_{max}——地质灾害危险度综合评价指数的最大值。

　　根据标准化后的生态环境质量综合评价指数,将云南省地质灾害危险度分为三级,即高易发区(Ⅰ级)、中易发区(Ⅱ级)、低易发区(Ⅲ级),见表 2.2.5。

表 2.2.5　地质灾害易发程度分级标准

级别	高易发区(Ⅰ级)	中易发区(Ⅱ级)	低易发区(Ⅲ级)
指数	≥75	45~75	<45
状态	对水电工程可能有直接危险,间接影响明显;对城镇建设有严重危害;影响水库的长期效益;公路交通破坏严重,易造成人员伤亡	对水电工程有一定直接威胁,间接影响较小;对城镇建设存在明显危害;影响水库的长期效益;公路交通破坏较大,居民存在生命安全的威胁	对水电工程无直接威胁危害;对城镇局部形成威胁;对水库效益影响较小;公路交通在雨季部分毁坏,对居民点基本无威胁

　　由于相关工作涉及大量的地质因子、灾害事故等的普查和技术处理,所需要投入的成本已远远超出本项目所能承担的范围。因此,项目通过跨部门合作,直接借鉴国土部门地质灾害风险区划成果(基于降水条件、地质灾害分布和活动等动态指标、地质灾害发育背景环境条件等静态指标相结合的方法),进行数字化、栅格化和本地化处理,得到了云南省地质灾害风险区划,为地质灾害的空间预测及预报对气象灾害等级范围的确定提供技术依据(图 2.2.3)。

　　从云南省地质灾害风险区划分布上看(图 2.2.3),西部高于东部、北部高于南部。滇西北的地质灾害风险最大,滇东南最小。地质灾害风险区划的分布特点与云南省自东南向西北,海拔、高差、坡度逐渐增大的地形变化规律相对应。地质灾害高风险区还与断裂活动高发区相对应。如金沙江—红河断裂带和小江断裂带,构造活动异常强烈,形成一系列断裂谷地和断陷盆地,这类地段岩层破碎、山坡陡峻,在降水等外界条件诱发下出现地质灾害的可能性就非常大。

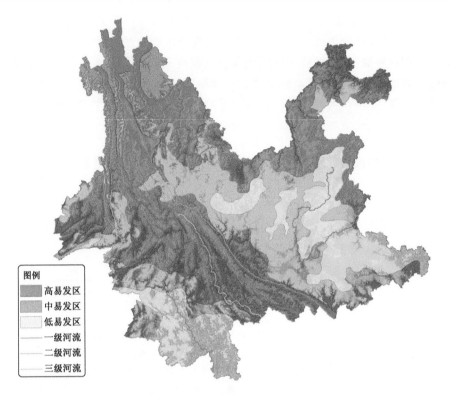

图 2.2.3　云南省地质灾害易发程度分区图

2.3　预警临界指标研究

2.3.1　临界雨量研究

在第 2.1 节中,已指出地质灾害与降水有十分密切的联系,除当日降水的激发作用外,前期累积降水对增加岩土体的含水量、降低其稳定性的作用也很大,但是由于蒸发、地表渗透和径流等多方面的影响,前期降水并不全部作用于滑坡、泥石流等灾害之中。距灾害发生时间越长的降水对灾害发生的促进作用越小,反之,越接近灾害发生时间的降水对灾害发生的促进作用越大。因此,引入"日综合雨量"的概念揭示降水对地质灾害的作用。

日综合雨量的计算公式为:

$$R_{日综} = R_0 + R_1 + R_2 + \sum_{i=3}^{n} \alpha^{i-2} R_i$$

式中:α 为有效降水系数($0 < \alpha < 1$);R_0 为灾情当日 24 小时降水量(mm);R_1 为灾情

发生前 1 d 24 h 降水量;R_2 为灾情发生前 2 d 24 h 降水量;R_i 为前 3 d 至有效时段 n 日内的逐日降水量,$n=10$。在日综合雨量中除当日降水 R_0 外,其他时段的累积降水称为前期有效雨量 R_E。

计算式中 α 和 n 的取值按如下方法得出:

(1)有效降水系数 α:由于云南省地理条件复杂,前期有效雨量对各县站地质灾害的贡献程度必然不完全一致,因此,采用计算最佳有效降水系数的方法确定各县站的有效降水系数,公式如下:

$$\alpha = \min\left(\frac{\sigma}{\max(R_{日综})}\right)$$

式中 α 为某站的最佳有效降水系数;σ 为该站日综合雨量的均方差;$R_{日综}$ 取该站日综合雨量最大值;α 取日综合雨量均方差与日综合雨量最大值的比值的最小值。

(2)前期降水累积天数 n:为了分析地质灾害与前期累积降水量的关系,计算 1101 个灾害样本当天至前 30 天滑动累积降水量,统计各样本在各降水等级中出现的次数,图 2.3.1 给出了统计结果的分布形式。从样本分布情况看,大部分样本集中在 3~4 天累积降水量 20 mm 以下的区域中,但是由于短期降水量空间分布差异较大,与地质灾害的关系具有随机性,因此,图中 3~4 d 样本最集中区域表征的相互关系意义不大。图 2.3.1 显示,在 10 d 左右有一个灾害次数的大值中心,灾害次数在 70~80 次,而对应的滑动累积降水量在 100 mm 左右。对比这个中心之前的灾害次数和累积降水量的关系,之前的累积降水量小于 25 mm 却集中了大量的灾情样本,

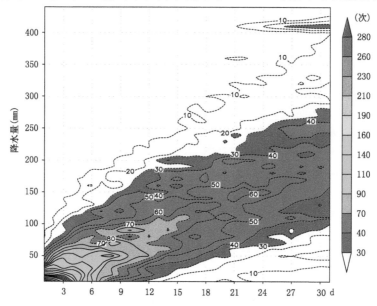

图 2.3.1　地质灾害样本滑动累积降水量分布

(左纵坐标:累积降水量;横坐标:滑动累积天数;色标:地质灾害频次)

与实际情况不符合,而之后的灾情样本随滑动累积降水量的增加而下降很快,因此前期降水累积天数统一采用 10 d。

根据县级区划计算各县相应灾害样本的日综合雨量。由于统计的灾害样本空间分布不均,部分县市的灾情个例较少,划分不出风险等级,因此,对于灾情次数满足 10 次以上的县就仅使用该县站的降水量进行计算;对于灾情次数少于 10 次的县,采用大圆半径($r=0.5$ 或 $r=1.0$ 或 $r=1.5$)选取其半径范围内的邻县的灾情作补充,使得该县总灾情次数≥10 次,然后使用该县和邻县的降水资料计算各次灾情的日综合雨量。

按照日综合雨量计算公式得到有灾情记录的 116 个县 1101 次个例的日综合雨量,通过分析发现绝大部分站点在日综合雨量达到一定值时,曲线斜率增大,地质灾害在相应降水区间内集中出现。选取易发生地质灾害的滇东北巧家县、滇南金平县、滇西北维西县、滇中楚雄市为代表绘制日综合雨量与灾害频次的关系曲线(图 2.3.2a-d)。从图 2.3.2a 可见,当巧家的日综合雨量为 10.9 mm、26 mm、35.5 mm 和 71.2 mm 时,曲线斜率出现了 4 次增大,将这 4 个日综合雨量值称为跳跃点,可见在每两个跳跃点间地质灾害次数较为集中,因此,可将这 4 个跳跃点作为不同预报预警等级的临界雨量。同理,金平(图 2.3.2b)的临界雨量分别为 73 mm、120.8 mm、144.8 mm、183.3 mm;维西(图 2.3.2c)的临界雨量分别为 25.5 mm、39.1 mm、45.6 mm、50.1 mm;楚雄(图 2.3.2d)的临界雨量分别为 31.1 mm、90.7 mm、109 mm、141.1 mm。普查 116 个县日综合雨量与地质灾害频次关系曲线图,发现大部分县的日综合雨量具有显著跳跃特征,并且大部分跳跃点集中在累积灾害频率为 10%～20%、40%左右、60%左右、80%左右等范围内。部分县的日综合雨量要判断跳跃点比较困难,如贡山(图 2.3.2e)、彝良(图 2.3.2f)、江川(图 2.3.2g)三个县的日综合雨量曲线呈斜线排列,没有灾情次数比较集中的阶段,或者仅出现 1～2 次跳跃,较难划分出 4～5 个风险等级的临界雨量。因此本研究根据《国土资源部和中国气象局关于联合开展地质灾害气象预报预警工作协议》的规定,并结合灾害累积频率跳跃点的范围,按<20%、20%～40%、40%～60%、60%～80%,>80%五个等级划分临界雨量,分别对应"风险很低(0 级)、有一定风险(Ⅳ级)、风险较高(Ⅲ级)、风险高(Ⅱ级)、风险很高(Ⅰ级)"五个气象风险预警等级,其中达到风险较高、风险高和风险很高 3 个等级时发布预警。

本节将 1101 个灾情叠加于地质灾害风险区划图中,结合风险区划等级和气候区划背景,将全省划分为 14 个风险区域(图 2.3.3),计算每个区域所含灾情样本的日综合雨量,并按照上述方法确定五个风险等级的临界雨量,用于订正各县临界雨量值。当某县Ⅳ级风险的临界雨量值<10 mm 时,就选取该县所属地质灾害风险区的临界雨量进行订正;若该地质灾害风险区Ⅳ级风险临界雨量值也小于 10 mm,则用距离该县最近的邻县的临界雨量进行订正。

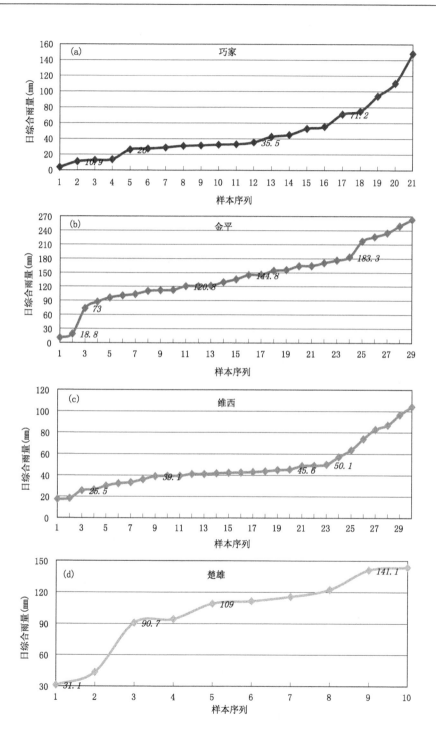

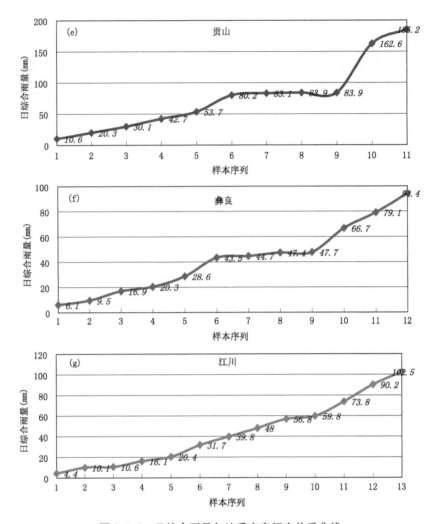

图 2.3.2　日综合雨量与地质灾害频次关系曲线

图 2.3.4 绘制了 20％、40％、60％、80％四个分界点时临界雨量的空间分布。由图可见,临界雨量均具有西高东低、南高北低的分布特征。滇西南和滇东南的临界雨量较大,尤其红河州的金平县临界雨量最大。滇西北、滇东北的临界雨量相对较小,主要是由于这两片区域地形陡峻、切割破碎,海拔高而多山地沟谷地形,在一定的累积降水下,极容易达到发生地质灾害的条件。

临界雨量作为地质灾害气象风险预警最重要的组成部分,其合理性和适用性关系到预警服务效果的好坏。因此,本研究专门就临界雨量的可用性进行了检验。

2012 年 3 月 3 日怒江州贡山县发生泥石流灾害,造成 3 人遇难,2 人受伤。2012 年 9 月 11 日昭通市彝良县突降暴雨后发生洪涝和泥石流灾害,造成道路受阻,民众

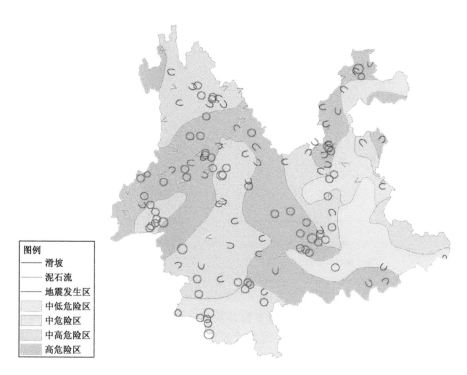

图 2.3.3　地质灾害风险区划叠加灾情样本分布图

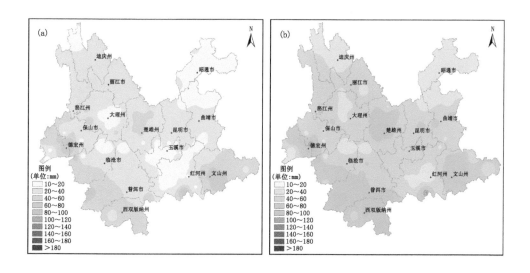

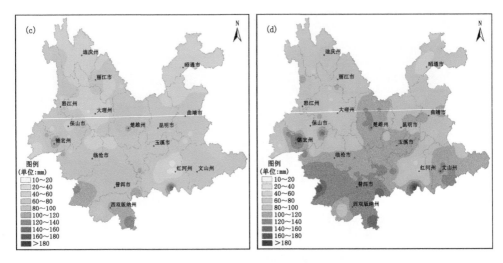

图 2.3.4　地质灾害气象风险临界雨量分布图

(a. 20％临界雨量；b. 40％临界雨量；c. 60％临界雨量；d. 80％临界雨量)

受伤。这两次地质灾害分别发生在滇西北和滇东北地质灾害易发区。贡山县的泥石流灾害发生于"桃花汛"时期,灾害发生当日及前 7 天都有连续性降水,以中雨量级为主,都未达到大雨量级,属于连续阴雨造成的地质灾害。彝良县的洪涝和泥石流灾害发生在雨季,但灾害发生前 8 天都未观测到有效降水,仅前 10 d 有一次大雨过程,但灾害当天出现短时强降水,9 月 11 日 02 时和 03 时,1 h 降水量分别为 42.8 mm 和 68.1 mm,属于单次大暴雨造成的地质灾害。这两次地质灾害无论是出现时间还是降水类型均具有典型性,因此,作为检验个例加以讨论。灾害当天全省地质灾害气象风险等级预报图见图 2.3.5。

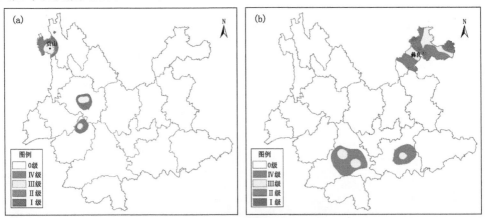

图 2.3.5　地质灾害风险等级分布图

(a. 2012 年 3 月 3 日；b. 2012 年 9 月 11 日)

从图 2.3.5a 和图 2.3.5b 可见,贡山和彝良的地质灾害风险均已达到发布预警的标准(Ⅲ级以上)。3 月 3 日(图 2.3.5a)贡山站的日综合雨量为 65.5 mm,该站Ⅲ级风险的临界雨量为 53.7 mm,达到风险较高的Ⅲ级预警的标准。9 月 11 日(图 2.3.5b)02 时彝良站的日综合雨量为 74.5 mm,03 时日综合雨量为 142.6 mm,而该站Ⅰ级风险预警的临界雨量为 66.7 mm,日综合雨量远远大于临界雨量,此次灾害已可发布Ⅰ级预警。经实况检验说明本研究确定的临界雨量指标具有实际应用价值,能起到良好的预报预警效果,对有效防御地质灾害具有重大意义。

2.3.2　临界雨强研究

由 2.1 节得知,地质灾害受强降水的影响较大,因此,必须考虑降雨强度对地质灾害发生的贡献。但是除了暴雨、大暴雨等特别强的降水量级外,连续性较强降水如持续中雨、大雨天气也是诱发地质灾害的另一种方式。在连续的降水过程中,土壤充分吸收水分,形成过饱和土壤,降低土体抗剪强度,引起斜坡失稳和滑动,再有一次即使是小雨量级的降水都可能触发严重的地质灾害,因此,一次降水过程中的降水强度包括中雨或大雨等较强量级也是研究地质灾害气象风险时不可忽视的因素。

临界雨强从两个方面定义,一方面为前期雨强日数,另一方面为临近 24 h 的降水强度。

前期雨强日数取灾害发生前 10 d 内达到中雨以上量级的日数。并按照 2.3.1 节临界雨量等级的划分方法进行等级区分,当相邻级别中临界值相同时,以就高原则进行等级判断。各等级临界雨强日数空间分布见图 2.3.6。

临界雨强日数的空间分布也不均匀(图 2.3.6),保山、德宏、文山、红河南部的临界值较大。文山州的临界雨日多而灾情比较少,主要是由于滇东南地势较为平坦,地质灾害风险区划属于中低风险区,因此,需要多日较强降水才能诱发地质灾害。滇西北、滇东北的雨强日数较少,主要是由于地势复杂,海拔高而多山地沟谷地形,其内在条件不稳定,产生外在动力的降水需求量就相对小。

前期丰沛的降水使得土壤含水量几近饱和状态,一旦再有降水补充,将会使土壤含水量达到过饱和状态,使原本稳定的土层结构遭到破坏,加剧产生地质灾害的可能性。降水强度越强则导致地质灾害出现的可能性越大,因此将临近 24 h 降水强度也作为一个雨强指标。无雨、小雨($R_{24h}<10$ mm)、中雨(10 mm$\leqslant R_{24h}<25$ mm)、大雨(25 mm$\leqslant R_{24h}<50$ mm)、暴雨及以上降水($R_{24h}\geqslant 50$ mm)分别作为五个临近雨强指标引入气象风险预警模型中。

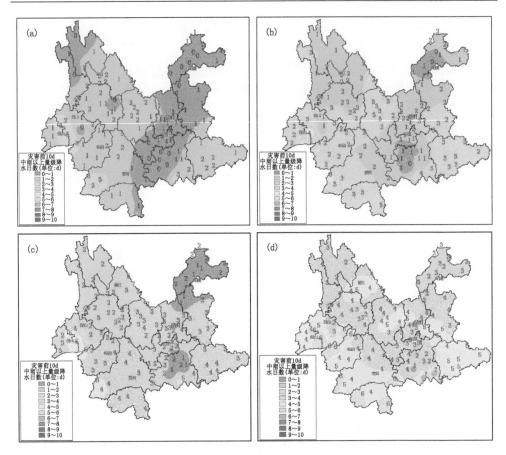

图 2.3.6　雨强日数空间分布

（a.20％等级；b.40％等级；c.60％等级；d.80％等级）

2.4　地质灾害气象风险精细化预警模型

　　本节依据国土部门提供的云南省地质灾害易发程度分区成果（图 2.2.3），利用气象部门实时传输的气象观测资料，采用资料细网格插值，阈值自动判别等技术，构建云南省地质灾害气象风险预警模型，模型构建如图 2.4.1 所示。

　　由于降水量级、降水日数、地质灾害风险区划具有不同的量纲，为更直观的表征各因子对地质灾害的影响，本节将临界指标用 1、2、3、4、5 表征，分别代表各因子临界等级从低到高的分布。其中地质灾害风险区划因子由于仅有"低易发区、中易发区、高易发区"三个等级，因此分别用 1、2、3 代表。引入如下公式进行地质灾害气象风险等级预报（薛建军等，2005）。

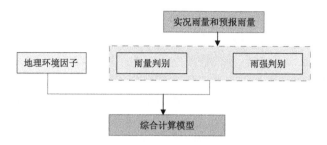

图 2.4.1　地质灾害气象风险预警模型结构图

$$A = \sum_{i=1}^{4} a(i), \begin{cases} a(i) = 1, b(i) \leqslant C_1(i) \\ a(i) = 2, C_1(i) \leqslant b(i) \leqslant C_2(i) \\ a(i) = 3, C_2(i) \leqslant b(i) \leqslant C_3(i) \\ a(i) = 4, C_3(i) \leqslant b(i) \leqslant C_4(i) \\ a(i) = 5, C_4(i) < b(i) \end{cases}$$

式中 A 为预报结果，a 是各因子预报值，b 是因子值，C 是与 b 对应的该因子各等级临界值。例如 b 是日综合雨量，则当 b 的值小于 20% 等级的临界雨量值时，a 取值 1，当 b 的值介于 20% 和 40% 等级的临界雨量值之间时，a 取值 2，依此类推。判断出所有因子的 a 值后求和得到 A 值。A 值的综合计算模型如下：

A＝风险区划等级＋临界雨量等级＋前 10 d 雨强日数等级＋临近 24 h 雨强等级

将 A 值按取值范围划分气象风险预警等级，取值区间 [4, 6]、[6, 8]、[8, 10]、[10, 15]、[15, 18] 分别代表"风险很低"、"有一定风险"、"风险较高"、"风险高"、"风险很高"五个等级。

以"县"为单位做地质灾害气象风险预警远远满足不了服务需求，因此，在业务工作中将临界雨量、临界雨强、地质灾害风险区划、实测降水量、预报降水量统一插值为 3 km×3 km 的格点场，计算各格点的 A 值，做相应格点的气象风险预报。

本节建立的精细化地质灾害气象风险预警模型在实际业务运行中发现具有较好的预报能力，有一定针对性和时效性，尤其对于区域性地质灾害的预报效果较好，漏报率低。但是同时存在空报率较高的问题，导致这一现象的原因是多方面的。第一，模型使用的降水资料是国家级地面气象观测站的资料，对于省内复杂的地形和气候带分布，地面观测站的降水资料空间分辨率不够高，估计地质灾害点的降水就会产生较大偏差，影响实测降水量和预报降水量的插值精度，同时影响临界雨量和临界雨强的指标研究，造成临界指标偏小，致使模型计算结果很容易达到风险等级。第二，模型中使用 12 h、24 h 预报雨量作为临近雨强因子，这依托于精细化降水预报能力，降水量预报越准确，则风险预报效果越好，降水量预报差，则风险预报效果差。第三，模型中主要考虑的还是降水因素，对地理参数、环境因子的研究有一部分，但还需更深入的分析。第四,对风险预警效果的检验依靠灾情的上报,但目前的灾情收集工作还不完善,部分在预警范围内并已发生的灾情没有收集到,或者灾情信息中发生地点和时间等方面描述的不够清晰,只能按照空报检验。因此,对该模型的改进工作主要有以下方面,一是运用区域加密自动气象站的资料订正临界指标,优化插值方法,降低插值时带来的误差;二是提高气象要素精细化预报水平;三是不断深入研究各影响因子的机理,增强模型中地学因子的权重,提高现有模型的客观预报性能;四是加强与国土部门、民政部门的合作,加强地质灾害数据库的建立;五是要在业务应用中对临界指标进行检验和订正,优化人机交互功能,特殊情况进行适当的人工干预,如某区域发生地震后导致岩土体结构的破坏,增加灾害敏感性,需及时修订区域风险等级。

第 3 章　怒江州地质灾害气象风险
精细化预警技术

怒江境内地质条件脆弱、山高谷深，降水空间分布极不均匀且局地强降水突出，是云南省地质灾害高发区域，精细化地质灾害气象风险预警的需求尤其突出。本章针对怒江流域突出的灾害预警防御需求，通过主成分分析、单站与流域统计对比等方法，开展精细化临近雨量、临界雨强及风险区划研究，提高气象风险预警的针对性、可靠性。

3.1　降水因子选取

3.1.1　怒江州地理条件概述

怒江州位于云南省西北部，98°39′—99°39′E，25°33′—28°23′N 之间，地处青藏高原南延部分的横断山脉峡谷地带，国土面积 14703 km²，东西境宽 153 km，南北纵距 320.4 km，海拔最高为 5128 m，海拔最低点 738 m，地势北高南低，是典型的高山峡谷地貌。独龙江、怒江、澜沧江纵贯怒江州境内，担当力卡山、高黎贡山、碧罗雪山、云岭四大南北走向的山脉与三江依次纵列，形成"三江并流"的地理景观。

怒江州 98％以上的国土面积是高山峡谷，25°以上的坡地占国土面积的 76％以上，地质构造复杂，地形起伏大，土层发育不全，土壤瘠薄，境内地质灾害高发，经统计共有 762 个滑坡、泥石流点（李益敏等，2015）。研究表明，怒江流域泥石流灾害具有突发性，多是一次强降雨过程诱发的区域性泥石流灾害（唐川，2005）。第 2 章给出的是怒江州四个县各等级地质灾害气象风险预警临界指标，但是在第 2 章的分析中使用的是国家级地面气象观测站的资料，该资料虽然具有较高的时间分辨率，空间分辨率却较低。对于怒江州复杂的地貌结构，仅用贡山站、福贡站、六库站、兰坪站四个观测站的降水资料计算临界雨量和临界雨强还达不到气象服务精细化的要求。因此，本章再引入怒江州区域加密自动气象站的资料进行分析，以优化怒江州地质灾害气象风险预警模型为基础，开展全省地质灾害气象风险预警模型改进工作，提升云南省地质灾害气象风险预报预警服务能力。

3.1.2　怒江州降水气候概况

针对怒江州独特的降水气候背景,本节首先选用资料时段长、数据质量可靠的贡山站、福贡站、六库站和兰坪站的降水资料讨论怒江州降水的时空分布特征,为精细化预警提供背景材料。贡山站、福贡站、兰坪站为 1961 年 1 月—2014 年 12 月逐日降水资料,六库站为泸水站的迁站,资料起始年限为 1977 年 1 月 1 日。在资料处理时,初步比较了六库站和泸水站(资料长度为 1961 年 1 月—2002 年 12 月)多年月平均雨量的变化趋势,发现六库站的降水量比泸水站的降水量偏少 19.9%,但每个月的降水变化完全一致(图 3.1.1),因此,用六库站的降水资料替代泸水站分析泸水县 20 世纪 70 年代后的气候变化特征具有连续性。

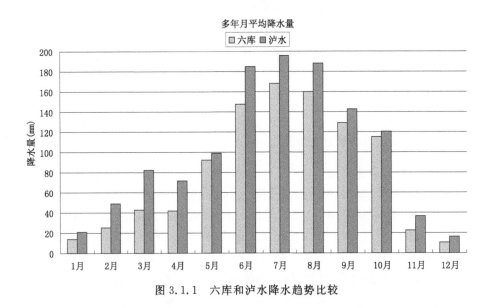

图 3.1.1　六库和泸水降水趋势比较

由图 3.1.2 可见,怒江州的干、湿季节分明。11 月—次年 5 月为兰坪和泸水的干季,这一时期的平均雨量为 31.8 mm;11 月—次年 1 月是贡山和福贡的干季,平均雨量为 41.6 mm。贡山表现出显著的双雨季特征,2—4 月是第一个降水波峰,即怒江北部的"桃花汛",平均雨量为 184.1 mm,5 月雨量有所回落,6 月为第二个降水峰值。福贡在 2—4 月的"桃花汛"时期,平均雨量为 189.7 mm,进入 5 月降水量快速滑落,但 5—10 月各月的平均降水量都维持在 100～130 mm,因此贡山和福贡的雨季可视为从 2 月开始,峰值出现在 3—4 月,进入 11 月结束。兰坪和泸水的雨季在 6—10 月,雨季的平均降水量为 151.1 mm。

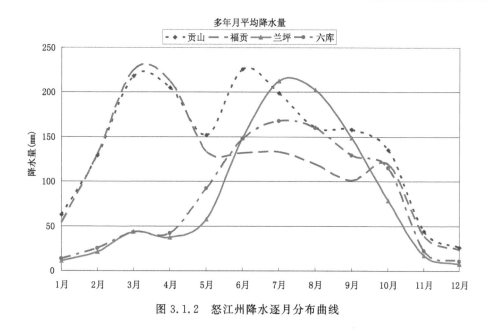

图 3.1.2　怒江州降水逐月分布曲线

3.1.3　怒江州地质灾害分布

　　根据云南省地质环境监测院提供的地质灾害报告和云南省气象台收集的滑坡、泥石流灾情,整理得到 2010—2014 年发生于怒江州的地质灾害个例 63 个。将灾害点与怒江州地质灾害风险区划图及地形图叠加(图 3.1.3),发现大部分灾情都出现在怒江流域和澜沧江流域两岸,其次是兰坪县的金顶镇辖区内。灾害点主要分布在地质灾害高风险区(易发程度一级区划),表明高山峡谷深切割的地貌是造成怒江州地质灾害多发的重要内因。

　　在上述 63 个样本中挑选有区域加密自动观测站降水资料匹配的个例共计 57 个。经过筛选,剔除不符合降水诱发地质灾害条件的个例(如灾害发生当天及灾害发生前 15 d 的降水均为 0 mm 的个例;近 10 d 的累积降水量小于 20 mm,且灾害发生当天及前 2 d 的累积降水量小于 5 mm 的个例),最终引入本章的样本为 34 个。在 34 个样本中有 30 个样本详细记录了灾害种类和灾害级别,其中泥石流占总样本的 63.3%,滑坡占 26.7%,同时发生滑坡、泥石流灾害占 0.07%,崩塌出现一次。不区分灾害种类,小型灾害占 63%,中型灾害占 23%,大型及特大型灾害占 14%(见图 3.1.4)。表明怒江州以降水为机制的地质灾害以泥石流为主,大中型地质灾害也比较频繁,需加强怒江州地质灾害的机制研究和预报预警服务研究,为地质灾害防御工作提供科研支撑。

　　分别统计怒江州四个县 1—12 月地质灾害样本数,结果见表 3.1.1。

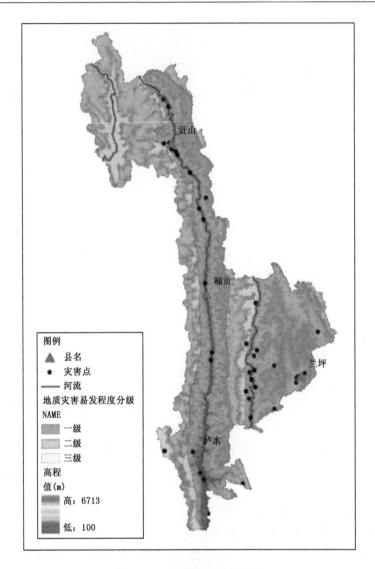

图 3.1.3　灾害点分布综合图

表 3.1.1　怒江州各月地质灾害次数统计表

	1月	2月	3月	4月	5月	6月	7月	8月	9月	10月	11月	12月
贡山	0	0	1	3	2	0	1	2	0	2	0	0
福贡	0	0	0	0	1	0	2	1	0	0	0	0
兰坪	0	0	0	0	0	1	4	6	3	0	0	0
泸水	0	0	0	0	0	0	1	1	3	0	0	0

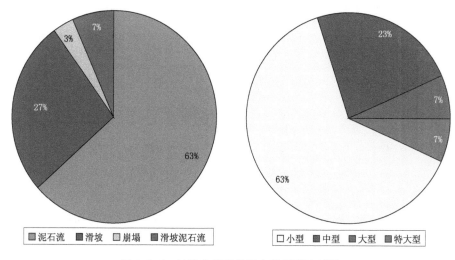

图 3.1.4　地质灾害种类及灾害级别比例图

通过表 3.1.1 可见,发生在贡山县内的地质灾害主要出现在 4 月,福贡、兰坪、泸水的地质灾害主要出现在 7—9 月,尤其 8 月兰坪县发生地质灾害的频率最高。与四个县多年月平均降水比较分析(图 3.1.2),地质灾害频繁发生于降水丰沛、土壤湿度大的时期,如贡山在干季后,经过 2 月、3 月的降水累积,土壤湿度条件明显改善,抗剪能力减弱,稳定度降低,而 4 月的降水依然较大,地质灾害发生的频率显著上升。

初步分析 34 个样本的降水分布,发现灾害当天降水 $R_{1d} \geqslant 25$ mm 的个例占总样本的 50%,$R_{1d} \geqslant 50$ mm 的个例占 14.7%;灾害发生当天与灾害发生前 2 d 累积降水 $R_{3d} \geqslant 50$ mm 的个例占 50%,$R_{3d} \geqslant 100$ mm 的个例占 14.7%,和 R_{1d} 的情况相同。灾害发生当天与灾害发生前 10 d 的累积降水 $R_{11d} \geqslant 100$ mm 的个例占总样本的 52.9%。说明诱发怒江州地质灾害的累积降水量较大,短时期内的激发雨强较强。

3.1.4　影响因子分析

在第 2 章中已讨论过,降水诱发的地质灾害除了和当天的降水密切相关外,前期降水量的累积贡献也不容忽视,并针对这一问题,引入了日综合雨量的概念。但是对于不同地区,日综合雨量的降水累积时段、有效降水系数不尽相同。因此,首先分析怒江州地质灾害前期降水累积天数(图 3.1.5)。

图 3.1.5 显示出怒江州地质灾害样本在 3 d 和 11 d 有两个中心,分别对应 30 mm 左右的降水和 60 mm 左右的降水,对应的灾害次数分别为 6 次和 7 次。因此,怒江州地质灾害与短期 3 d 的累积降水量及 1～11 d 的累积降水量有密切关系,计算日综合雨量时累积降水时段采用 11 d,其中当天及前 2 d 的降水不进行衰减,日综合雨量计算方法详见第 2 章 2.3.1 节。

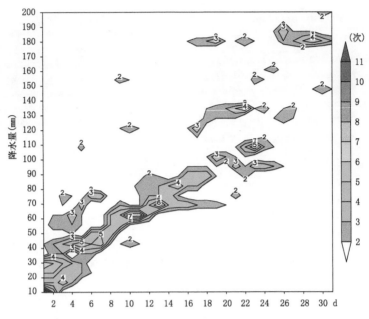

图 3.1.5　怒江州地质灾害样本前期滑动累积降水量分布

运用已在第 2 章讨论过的有效降水系数计算方法,得出怒江州的有效降水系数 $\alpha = 0.1$,表明降水的衰减程度很大,需考虑导致地质灾害的主要降水因素存在于哪几方面?本研究通过主成分分析方法挑选最佳影响因子。将诱发一次地质灾害的降水看成由以下几部分构成:当次灾害的日综合雨量、强降水日数、连续降水日数。

日综合雨量由灾害当天降水量 R_0 和前期有效雨量 R_E 组成,前期有效雨量 $R_E = R_1 + R_2 + \sum_{i=3}^{n} \alpha^{i-2} \cdot R_i$,即灾害发生日前 1 d 至前 10 d 的累积降水量,自第 3 天起降水经过衰减。

本节的强降水指日降水量 $R_{24h} \geq 25$ mm 的降水。强降水日数分两种情况,一种统计灾害发生前 10 d 内的强降水日数,表示为 H_P(灾害发生当天出现强降水不计入统计);另一种统计灾害发生当天及前 2 d 内的强降水日数,表示为 H_{P3d}。

连续降水日数的统计:分析怒江州多年逐月日平均降水量,发现 3—9 月的日平均降水量在 4～6 mm 之间,因此,本节将日降水量 $R_{24h} \geq 5$ mm 作为标准,从灾害发生前 1 d 起,统计连续出现 $R_{24h} \geq 5$ mm 的天数,最后得到 34 次个例的连续降水日数样本 C_P。

采用主成分分析方法对 R_0、R_E、R_{3d}(灾害当天及前 2 d 累积降水量)、H_P、H_{P3d}、C_P 六个因子进行讨论。

主成分分析的步骤如下:

将 R_0、R_E、R_{3d}、H_P、H_{P3d}、C_P 组合为 $n \times p$ 阶的数据矩阵 $\boldsymbol{X}$,$n = 34$,$p = 6$,x_{ip} 为第 p 个因子变量第 i 个样本。

$$X = \begin{bmatrix} x_{11} & x_{12} & \cdots & x_{1p} \\ x_{21} & x_{22} & \cdots & x_{2p} \\ \vdots & \vdots & & \vdots \\ x_{n1} & x_{n2} & \cdots & x_{np} \end{bmatrix}$$

求解变量的协方差阵 S，并解出 S 的特征根 λ 和特征向量 V。特征根 $\lambda_1 \geqslant \lambda_2 \geqslant \cdots \geqslant \lambda_p$，$V$ 为 p 个特征向量组成的矩阵。

$$V = \begin{bmatrix} v_{11} & v_{12} & \cdots & v_{1p} \\ v_{21} & v_{22} & \cdots & v_{2p} \\ \vdots & \vdots & & \vdots \\ v_{p1} & v_{p2} & \cdots & v_{pp} \end{bmatrix}$$

计算主成分的方差贡献及累计方差贡献率，第 i 个主成分的方差贡献率计算公式如下：

$$R_i = \frac{\lambda_i}{\sum_{k=1}^{p} \lambda_k}$$

前 $m(m<p)$ 个主成分的累计方差贡献率：

$$G(m) = \frac{\sum_{i=1}^{m} \lambda i}{\sum_{i=1}^{p} \lambda i}$$

一般取累计方差贡献率大于 85% 的特征根对应的主成分，或者取前几个最大特征根对应的主成分。

经过计算发现第一和第二主成分的累计方差贡献率超过 80%，在第一主成分中，H_{P3d} 的贡献率大于 H_P 的贡献率，再比较这两组数据的样本，强降水基本都集中在灾害当天和前两天的降水过程中，因此，剔除 H_P 重组矩阵再次进行主成分分析。

二次计算表明，第一主成分的贡献率为 63.33%，第二主成分的贡献率为 21.15%，第一和第二主成分的累计方差贡献率达 84.48%。第一主成分各因子的特征向量显示，R_{3d} 和 H_{P3d} 对第一主成分的贡献最大，其次 R_E 也具有较大贡献。对于第二主成分，R_0 的贡献最为重要。各特征向量值见表 3.1.2 所示。

表 3.1.2　各影响因子特征向量

影响因子	第一主成分	第二主成分
灾害当天降水量	−0.342	−0.707
前期有效降水量	−0.468	0.442
前 3 d 累积降水量	−0.547	0.151
连续降水天数	−0.353	0.514
前 3 d 强降水天数	−0.490	−0.130

　　综上所述,怒江州的地质灾害主要受强降水激发,大—暴雨型地质灾害是该地区的主要类型,在怒江州地质灾害气象风险预警模型中,需着重考虑短期内的降水量和降水强度。

　　分析 34 次个例 R_0、R_{3d}、$R_{日综}$ 的特征,发现 53％的样本 $R_0 \geqslant 25$ mm(其中有一个样本 $R_0 = 23.8$ mm),$R_0 \geqslant 50$ mm 的个例样本有 5 个。表 3.1.3 展示了 R_{3d} 在各量级降水中的样本次数,其中 $R_{3d} \geqslant 30$ mm 的个例占总样本数的 73.5％。结合图 3.1.6 可见,R_{3d} 的量级很大,并且 $R_{日综}$ 曲线和 R_{3d} 柱形图的数值非常接近,说明前期降水经过衰减后对怒江州的地质灾害贡献已不是很显著。计算 $R_{日综}$ 与 R_{3d} 的差,差值均小于 10 mm。

表 3.1.3　　各等级降水灾害样本次数统计

量级(mm)	$x < 10$	$10 \leqslant x < 30$	$30 \leqslant x < 50$	$50 \leqslant x < 70$	$70 \leqslant x < 100$	$x \geqslant 100$
样本数/次	1	8	8	5	7	5

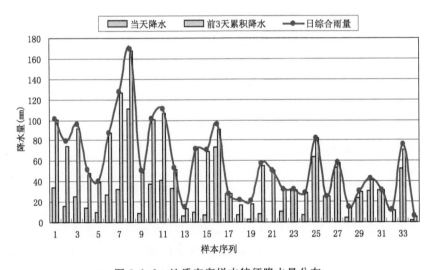

图 3.1.6　　地质灾害样本特征降水量分布

　　上述分析说明怒江州的地质灾害主要由短期降水导致,并且以大雨—暴雨型地质灾害为主,短期内的降水量级和降水强度起到十分重要的作用,而当日降水强度作为激发雨强更需引起高度重视。

3.2　精细化临界雨量及临界雨强分析

　　对于怒江州而言,由降水诱发的地质灾害与当天降水强度和降水过程的累积降水量联系紧密,本节针对怒江州四个县的临界雨量和临界雨强进行重点分析。

3.2.1　精细化临界雨量研究

将 34 个地质灾害样本按发生地点所属的县级区划区分,得到贡山 11 个个例、福贡 4 个个例、泸水 5 个个例、兰坪 14 个个例。采用计算日综合雨量的方法分别计算贡山、福贡、泸水、兰坪四个县的日综合雨量和有效降水系数。四个县的有效降水系数 α 都为 0.9,说明对地质灾害作空间精细化分区,提高空间分辨率,摒弃由于气候背景不同、地理条件不同造成的相互影响,前期降水对地质灾害的累积效应变得更加明显。

将四个县的日综合雨量按从小到大的顺序排列,并按照第 2 章提出的标准划分临界雨量等级,得到四个县各等级分界点的临界雨量指标(表 3.2.1)。

表 3.2.1　各等级临界雨量　　　　　　　　　　　　　单位:mm

等级 县区	Ⅳ级	Ⅲ级	Ⅱ级	Ⅰ级
贡山	65.5	78.5	105.9	154.3
福贡	51.4	67.6	120.9	209.6
泸水	59.9	72.2	76.6	143.0
兰坪	39.1	73.6	76.6	117.8

图 3.2.1 展示了四个县的日综合雨量曲线。由图可见,对于样本较多的贡山和兰坪,日综合雨量曲线值出现了阶梯状的跃变,每一个跃变点可视为相邻两个等级的分界点,即临界雨量。与表 3.2.1 中贡山和兰坪各等级的临界雨量值作比较,发现按照百分率计算所得的临界雨量值与根据跃变点得出的临界雨量值接近,百分率计算所得临界雨量基本是每个阶段的中间值,因此,两种划分临界雨量的方法皆可行,两者之间可相互订正。表 3.2.1 中,兰坪县Ⅲ级和Ⅱ级的临界雨量非常接近,从曲线变化分析这两个日综合雨量都在同一区间,因此,用日综合雨量曲线的跃变点进行订正,订正后兰坪县各等级临界雨量如表 3.2.2 所示。

表 3.2.2　订正后兰坪县各等级临界雨量　　　　　　　单位:mm

等级 县区	Ⅳ级	Ⅲ级	Ⅱ级	Ⅰ级
兰坪	39.1	66.1	83.9	112.1

采用日综合雨量曲线确定临界雨量的方法对于灾情样本少的地区并不适用,以福贡和泸水为例,日综合雨量曲线斜率大而样本少,用跃变点定级有局限,因此,对于样本少的情况更适合采用百分率定级的方法。

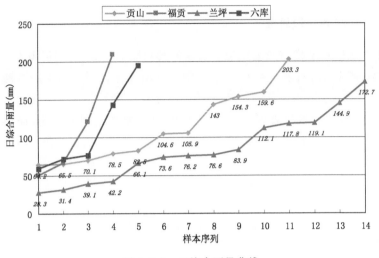

图 3.2.1　日综合雨量曲线

3.2.2　精细化临界雨强研究

　　分析各样本灾害当天降水强度,发现激发雨强的差异较大,从小雨到暴雨皆有,其中一个样本的当日雨强达到大暴雨级别(福贡 2014 年 5 月 10 日)。但仔细分析总样本中当天降水量与灾害前两天的累积降水量之间的关系,当日降水强度小(中雨及以下量级),且前两天的累积降水量也小($R_{2d} \leqslant 15$ mm)的个例占 17.6%,仅有 6 个个例(表 3.2.3 中红色标识)。并且其中有 5 个样本都出现在兰坪,另一个个例发生在贡山,福贡和泸水都是明显短期强降水过程造成的地质灾害。

表 3.2.3　特征雨量统计表　　　　　　　单位:mm

贡山			福贡			泸水			兰坪		
R_0	R_{2d}	$R_{日综}$	R_0	R_{2d}	$R_{日综}$	R_0	R_{2d}	$R_{日综}$	R_0	R_{2d}	$R_{日综}$
34.5	66.3	154.3	111.2	56.5	209.6	8.4	41.4	72.2	33	18.2	119.1
15.5	59	203.3	30.6	0.7	51.4	37.8	62.8	143	6.5	6.8	76.2
25.5	66.6	159.6	6.6	21.8	67.6	41.1	65.6	195.3	9.6	61.7	144.9
13.9	34.5	82.5	63.5	18.6	120.9	25.4	0	59.9	7	62.3	112.1
9.8	29.2	65.5				53.5	4.3	76.6	73.1	17.4	172.7
27	60	104.6							27.7	0.6	28.3
32.7	94.1	143							7.4	9.5	76.6
3	14.2	70.1							4.7	9.6	66.1
8.3	46.4	105.9							23.8	6.3	83.9
0.3	50.5	78.5							30.7	10.8	73.6
10.8	21.3	64.2							31.4	0	31.4
									0	11.5	42.2
									52.2	18.3	117.8
									2.1	3.1	39.1

　　通过上述分析表明怒江州地质灾害可分为两类,一类是短期强降水造成的地质灾害;另一类是连续性降水造成的地质灾害,其中短期强降水造成的地质灾害所占比例最大。由短期强降水诱发的地质灾害又可分为两种情况:(1)当天降水强度为大雨及以上量级,前 2 d 降水可大可小;(2)当天降水量级较小(中雨或以下),前 2 d 累积降水量在 20 mm 以上。对于连续性降水诱发的地质灾害,短期内的降水强度不大,但整个降水过程持续时间长(降水过程中仅 1～2 d 无降水),且中期时段内也出现过较强降水(中雨以上量级),因此,此类灾害过程也可视为滞后于强降水过程发生的滑坡、泥石流。普查 6 个连续性降水过程个例的日综合雨量,其中 4 个个例都在 60 mm以上,2 个在 40 mm 左右,整个降水过程的雨量依然比较明显。

　　因此,临界雨强也可从前期雨强日数和临近 24 h 降水强度两方面制定,其中前期雨强日数仅考虑短期内的强降水情况。短期内的强降水日数划分为 3 个等级,连续 3 d 均出现大雨及以上量级,为Ⅰ级,有 2 d 出现大雨及以上量级,为Ⅱ级,1 d 出现大雨及以上量级降水,为Ⅲ级。当天降水强度划分为 4 个临界雨强等级,暴雨为Ⅰ级,大雨为Ⅱ级,中雨为Ⅲ级,小雨为Ⅳ级。临界雨强指标如表 3.2.4 所示。

表 3.2.4　怒江州临界雨强指标

	Ⅳ级	Ⅲ级	Ⅱ级	Ⅰ级
雨强(大雨)日数临界值(d)	\	1	2	3
24 h 临界雨强(mm)	小雨	中雨	大雨	暴雨

3.3　怒江流域和澜沧江流域降水指标分析

　　第 3.2 节的分析显示贡山、福贡、泸水三个县的地质灾害降水型与兰坪县的地质灾害降水型有较明显的不同。在地理分布上,贡山、福贡、泸水均分布于怒江流域,澜沧江流域贯穿兰坪,所以视怒江流域和澜沧江流域的地质灾害由不同的降水类型诱发。本节将发生于贡山、福贡、泸水的灾情合并为怒江流域灾情,兰坪的灾情视为澜沧江流域地质灾害,针对两条流域地质灾害气象风险预警技术进行分析。

　　分别计算两条流域的有效降水系数,怒江流域有效降水系数 $\alpha=0.3$,澜沧江流域 $\alpha=0.9$。绘制两条流域地质灾害的 $R_{日综}$ 和 R_{3d} 柱线图(图 3.3.1)。据图分析,澜沧江流域地质灾害的日综合雨量大于怒江流域地质灾害的日综合雨量,这是由于怒江流域地质灾害前期降水的衰减程度大于澜沧江流域造成的。但图中怒江流域短期 3 天的累积降水量总体趋势大于澜沧江流域,表明引发怒江流域地质灾害的短期降水较大,这一特征在怒江流域日综合雨量曲线和怒江流域短期 3 天累积降水的柱状图对比上也有清晰的反映,$R_{日综}$ 与 R_{3d} 十分接近。

　　分析两条流域地质灾害样本 H_{P3d} 的情况(表 3.3.1),怒江流域的地质灾害短期

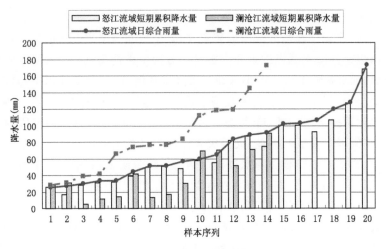

图 3.3.1　特征雨量线柱图

3 d 内有强降水的样本次数多于澜沧江流域,并且前 3 d 中有 2～3 d 都出现强降水的个例占 35%,但是澜沧江流域短期内的强降水天数集中于 1 d,且在 8 个有强降水的个例中,6 个个例的强降水都出现在灾情当日。表明怒江流域的地质灾害主要由大-暴雨型强降水过程诱发,澜沧江流域的地质灾害更多由连续性降水过程导致,但是 24 h 强降水的激发作用对两条流域的地质灾害具有同等重要的作用。

表 3.3.1　怒江流域和澜沧江流域灾害个例短期 3 d 强降水天数统计

序号	1	2	3	4	5	6	7	8	9	10	11	12	13	14	15	16	17	18	19	20
怒江	2	1	2	0	0	2	3	2	1	3	3	0	1	1	0	1	0	1	1	1
澜沧江	1	0	1	1	1	1	0	0	0	1	1	0	1	0						

　　按照 20%、40%、60%、80% 的比例计算怒江流域和澜沧江流域地质灾害的临界雨量和临界雨强指标,并通过日综合雨量曲线跃变点订正临界雨量,结果见表3.3.2。

表 3.3.2　怒江流域和澜沧江流域临界雨量及临界雨强

		Ⅳ级	Ⅲ级	Ⅱ级	Ⅰ级
怒江流域	临界雨量(mm)	34	51.3	83.6	103.1
	临界雨强(mm/24h)	8.3	13.9	27	37.8
澜沧江流域	临界雨量(mm)	39.1	66.1	83.9	112.1
	临界雨强(mm/24h)	4.7	9.6	23.8	31.4

　　将第 2 章中怒江州各预报因子的临界指标和本章得出的临界指标作一对比,如表 3.3.3 所示。表中"原值"表示根据第 2 章的研究得出的临界指标,由于没有泸水的灾情,因此,缺少该县的临界指标;"精细化"表示根据本章的分析得出的四个县的

临界指标；"流域"表示怒江流域和澜沧江流域的临界指标。

　　由表 3.3.3 可见，采用空间分辨率高的降水资料计算出的临界雨量值比原始的临界雨量值多 10～30 mm，尤其福贡 I 级风险的临界雨量差值高达 101.6 mm，但是由于本章统计的灾情样本较少，福贡的样本仅有 4 个，因此，临界雨量还需要在应用过程中不断检验订正。强降水日数方面，原始的强降水日数指标考虑的是灾害前期中雨以上降水日数，但是通过本章分析，怒江州的地质灾害主要是短期强降水过程诱发，部分由连续性降水影响，因此强降水日数指标有较大改进，更贴近怒江州的实际情况。怒江流域和澜沧江流域的临界雨量与原始的临界雨量值较为接近，尤其临界雨强指标不再是简单的小雨、中雨、大雨、暴雨的定性描述，而是提出了定量的降水强度，预警模型中做格点插值时临界指标为定值则更具有优势。因此，还需补充、完善地质灾害数据库，通过分析更多的样本以期总结出定量化的临界雨强。

表 3.3.3　各因子临界指标对比

	因子	县区	IV级	III级	II级	I级
		贡山	30.1	53.7	83.1	83.9
	临界雨量(mm)	福贡	29.8	47	71.9	108
		兰坪	40.9	61.2	65.3	73.1
原始		贡山	小雨	中雨	大雨	暴雨
	临界雨强(mm/24h)	福贡	小雨	中雨	大雨	暴雨
		兰坪	小雨	中雨	大雨	暴雨
		贡山	1	3	4	4
	强降水日数(d)	福贡	0	1	2	3
		兰坪	2	2	2	4
		贡山	65.5	78.5	105.9	154.3
	临界雨量(mm)	福贡	51.4	67.6	120.9	209.6
		泸水	59.9	72.2	76.6	143
		兰坪	39.1	66.1	83.9	112.1
		贡山	小雨	中雨	大雨	暴雨
精细化	临界雨强 (mm/24h)	福贡	小雨	中雨	大雨	暴雨
		泸水	小雨	中雨	大雨	暴雨
		兰坪	小雨	中雨	大雨	暴雨
		贡山	\	1	2	3
	强降水日数(d)	福贡	\	1	2	3
		泸水	\	1	2	3
		兰坪	\	1	2	3

续表

因子		县区	Ⅳ级	Ⅲ级	Ⅱ级	Ⅰ级
流域	临界雨量(mm)	怒江流域	34	51.3	83.6	103.1
		澜沧江流域	39.1	66.1	83.9	112.1
	临界雨强(mm/24h)	怒江流域	8.3	13.9	27	37.8
		澜沧江流域	4.7	9.6	23.8	31.4
	强降水日数(d)	怒江流域	\	1	2	3
		澜沧江流域	\	1	2	3

3.4　地质灾害气象风险预警效果对比

3.4.1　怒江州地质灾害风险区划更新

在第2章中地质灾害风险区划主要来源于国土部门的成果,怒江州的风险区划分为一级和二级两个级别(图3.4.1b),区划分辨率相对较粗,并且在该区划方法中引入了降水的影响,即考虑了气候背景的作用。在3.4节中,将尝试基于地质灾害点的分布进行风险区划的预警效果。

利用2012—2014年地质灾害样本,定位各次灾害发生地的经纬度,运用 ArcGIS 技术,将每个灾害点进行插值,灾害点2 km范围内的区域定为地质灾害"极易发区",灾害点5 km范围内的区域则为"高易发区",灾害点10 km范围内的区域则为"较高易发区",灾害点20 km范围内的区域就定为"中易发区",20 km范围外的区域是"不易发区"。通过定位灾害点的范围作风险区划分析,其物理意义直观。事实上,地质灾害是内因和外因共同作用的结果(不包含人为因素造成的地质灾害),因此,灾害点的信息中也包括了地理因子和降水因子的共同影响,同时反映了灾害发生频率、灾害发生密集度等因素的特征,属于综合性的区划指标。对比图3.4.1a和图3.4.1b,运用新的方法绘制的风险区划,其空间分辨率高于国土部门提供的区划结果。本节针对两种区划方法的气象风险预警效果进行对比检验。

3.4.2　地质灾害个例检验

2015年8月9日17:40兰坪县兔峨乡发生小型泥石流灾害,20:00该县营盘镇又出现小型泥石流灾害。普查7月29日08时—8月9日08时的累积降水量,兔峨为48.7 mm,营盘为60.5 mm。灾害发生当天及前两天兔峨和营盘均未出现强降水,但是在地质灾害有效降水时段内(灾害发生当天及前10 d),兔峨仅2 d没有观测到降水,营盘有3 d没有观测到降水,因此,当天的泥石流灾害是连续性降雨造成的。

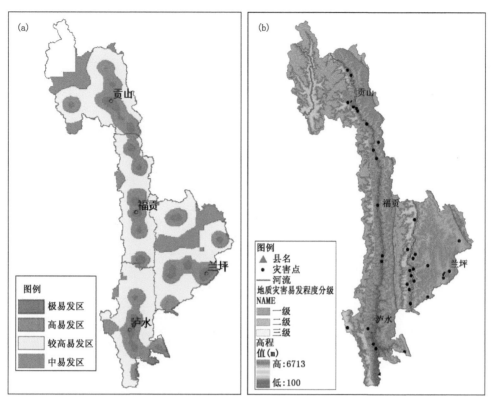

图 3.4.1　怒江州地质灾害风险区划

(a. 基于地质灾害点的分布绘制；b. 国土部门提供)

根据日综合雨量的计算公式，兔峨 $R_{日综}=42$ mm，营盘 $R_{日综}=53.1$ mm。当天降水强度兔峨为小雨，营盘为中雨。兔峨和营盘前期中雨以上降水日数均为 2 d，短期内大雨以上强降水日数均为 0 d。逐日降水分布见图 3.4.2，统计时段为前一天 08 时—当天 08 时(下文同)。

对 8 月 9 日的泥石流灾害，运用本研究第 2 章建立的模型已在业务服务工作中作了气象风险预警，本节将引入新的临界指标进入模型，反演此次灾害的预警情况。为方便表述，下文将第 2 章的预警模型称为"原始模型"，其结果称为"原始预警"；仅引入新的风险区划的模型计算结果称为"新区划预警"；仅引入新的降水临界指标的结果称为"新降水指标预警"和"流域降水指标预警"；降水指标和区划风险均做过替换的结果称为"新指标预警"和"流域指标预警"。

针对 8 月 9 日的地质灾害，首先讨论新的风险区划对预警的改进效果。原始预警图中(图 3.4.3a)预警等级高的区域范围大，新区划预警降低了预警等级，缩窄了高风险区的空报率，同时缩小了泸水县气象风险预警区域的范围。对于两个灾情点(紫色圆圈是营盘镇，绿色圆圈是兔峨乡，下文同)，都做了气象风险Ⅳ级预警，说明新

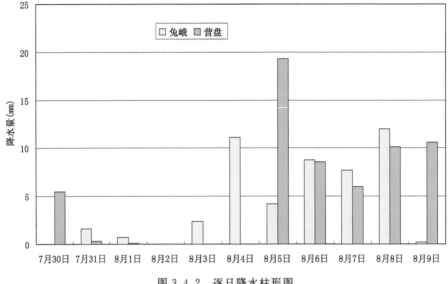

图 3.4.2　逐日降水柱形图

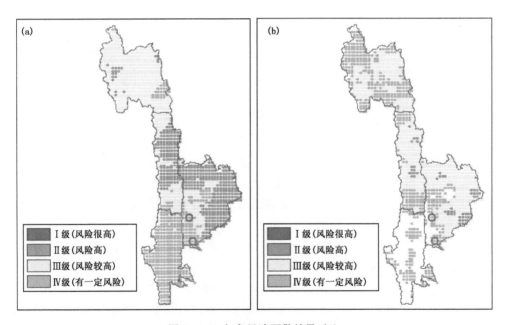

图 3.4.3　气象风险预警效果对比

（a.原始预警；b.新区划预警；紫色圆圈为营盘镇灾情点，绿色圆圈为兔峨乡灾情点）

的风险区划具有实际应用价值。

　　更新作为地理因子指标的风险区划后预警服务效果将有所提升，再检验新的降水指标是否对预警结果也有优化作用。图 3.4.4a 是新降水指标绘制的风险等级预

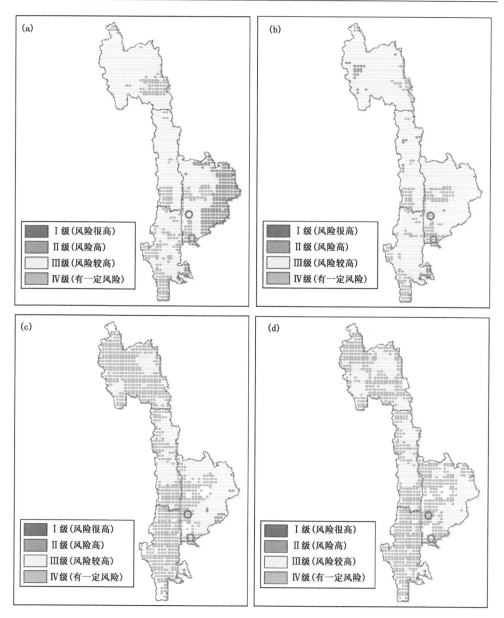

图 3.4.4　不同指标地质灾害气象风险预警对比检验
（a.新降水指标预警；b.流域降水指标预警；c.新指标预警；d.流域指标预警）

报图,与图 3.4.3a 比较,新降水指标各等级的预报范围精细化程度更高,缩小了高风险等级的预警区域,但是提高了营盘镇的风险等级,从两个灾情点各影响因子的实际情况分析,除营盘镇 $R_{日综}$ 大于兔峨外,其他因子预报等级相同,因此降水指标的优化能较好地体现出局地降水差异造成的不同影响。对比图 3.4.4c,当地理因子指标使用新的风险区划后,高风险等级的空报率得到最大程度的减少,较高等级的预警范围也更加精细化,对营盘镇的风险预报偏低一个等级,平滑了降水的部分影响,但总体服务效果是优良的。

　　将怒江州视为怒江流域和澜沧江流域两大区域,由于两条流域的风险区划从北向南呈现一致分布,若只更新流域的降水指标,则预警结果的空间分辨率差,但局地降水的差异也能得到一定体现,如图3.4.4b中营盘镇的预警等级与周围区域不同,两条流域范围内各地降水累积量不同,图中也小范围地预报了不同的风险等级。将降水指标和地理因子指标都替换后,模型计算结果(图3.4.4d)与图3.4.4c的分布相似。

　　在云南省地质环境监测院提供的地质灾害信息中显示,成功预报了2015年8月12日19:30发生于兰坪县河西乡的中型泥石流灾害,因此,本节针对这次个例进行检验。

　　分析河西乡逐日降水情况(图3.4.5),8月11日08时—8月12日08时无降水,8月12日08时至灾害发生前有1 mm左右的降水。灾情当天至前10 d累积降水量为94.1 mm,$R_{日综}$=71.4 mm,达到Ⅲ级风险临界雨量标准。短期内大雨以上强降水日数为0 d,前期中雨以上降水日数有5 d,为原始模型强降水日数Ⅰ级风险等级。当日灾害发生前有小雨量级降水,临界雨强为Ⅳ级。原始风险区划等级为一级,新的风险区划等级为中易发区(四级)。

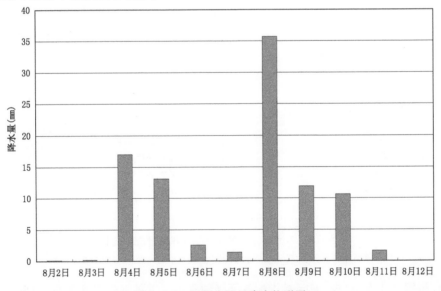

图3.4.5　河西乡逐日降水柱形图

　　与8月9日兰坪县的泥石流灾害分析方法相同,由图3.4.6a和c可见,仅改进降水指标则风险预警等级的空间分辨率较低,但对缩小高风险预警区域的范围有效。

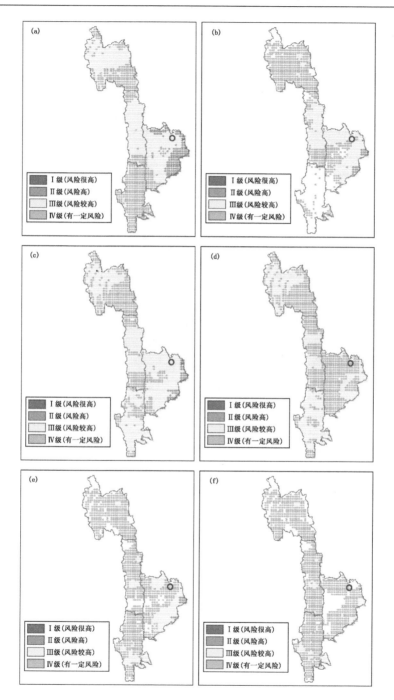

图 3.4.6　河西乡地质灾害气象风险预警对比检验

(a.原始预警;b.新区划预警;c.新降水指标预警;d.流域降水指标预警;e.新指标预警;

f.流域指标预警)(褐色圆圈为河西乡灾情点)

对于灾情点的预警,不引入新的地理指标,则气象风险预警等级较高(图 3.4.6a 和 c),替换为新的风险区划后,灾情点的区划等级降低,气象风险等级也降低为Ⅳ级(图 3.4.6e 和 f)。重点分析下图 3.4.6d 的预警情况。图 3.4.6d 大片范围为Ⅳ级风险,比图 3.4.6c 低一个等级,但是对于澜沧江流域而言,其降水指标除临界雨强外,和兰坪县的降水指标相同,为何两幅图的预警情况有差异? 主要是因为临界雨强的指标不同。流域的临界雨强为定值,兰坪县的临界雨强是定性的描述。以Ⅳ级小雨为例,小雨的降水累积范围为 0.1~9.9 mm,在模型中临界雨强指标设定为 0.1 mm 和设定为 9.9 mm 对判断当日降水是否能达到预警指标会造成很大差异,因此加强对临界雨强的定量化研究极有必要。图 3.4.6e 和 3.4.6f 显示,引入新的地理因子指标后,无论是新指标预警还是流域指标预警在预警等级和预警发布范围上都更精细。改进降水因子和地理因子后降低了空报率,又保证了对灾害点的预警不出现漏报。

3.4.3　地质灾害气象风险预警业务探讨

　　通过第 3.4.2 节的个例对比检验发现,采用区域加密自动气象站的资料,增强降水的空间分辨率,对降水指标有较好的改进,再配合新的地理因子指标,改善了原始模型空报率较高、高风险预警区域过大的缺陷,对切实提高地质灾害气象风险预报预警的精细化程度有显著作用,具有实际应用价值。

　　在上述个例检验中给出的是 ArcGIS 绘制的栅格点图,未进行插值平滑处理,目的是能清晰地展示模型优化后的效果。但是对栅格点图进行插值后,发现一些范围很小的风险区域就会被平滑,这并不利于地质灾害的预报预警业务。因此,在插值时要选用有效的插值方法,如高等级、小范围的栅格点做原值保留,对其他区域进行插值,这样即保留了小范围的预报效果,又使图形平滑、美观。

　　在以上分析中,地质灾害气象风险预警等级高的区域并未收集到灾情报告,预警等级偏低的地区发生了灾害,再次说明地质灾害的发生具有很大的不确定性和突发性,要作确定性预报预警服务技术难度非常大。构建降水诱发地质灾害的可能性关系模型,开展地质灾害气象风险概率性预报预警服务更符合实际业务的需求。在地质灾害减灾防灾工作中,还需要形成部门联动、上下联动的体系,才能更好地发挥作用,提高服务水平,提升灾害风险防御能力。

第 4 章　精细化定量降水监测及预报

地质灾害分布区域广,然而具体灾害点的空间尺度非常小、局地性强,且灾害发生往往突破行政区划边界。这就要求相关气象信息不能以常规的行政区划为单元,应以较高分辨率格点为单元才有可能准确预报和预警。由于观测网站空间分辨率有限、预报产品的空间分辨率和准确率也满足不了预警需求,本章主要围绕气象要素的空间细化方法、精细化定量降水监测及预报进行技术研究,研发精细、准确的降水实况监测产品和长时效定量降水预报产品,为地质灾害气象风险预警可靠性提供基础保障。

4.1　气象要素空间精细化技术

4.1.1　基于地理因子的空间插值方法研究

（1）方法介绍

云南省地形复杂,降水、温度等气象要素的变化在受到大气环流作用的同时,也受高程、经度、纬度、坡向、坡度等地形因素的影响,在同一天气系统的影响下,具有类似地形条件的区域其气象要素的特征可能相近,因此本节应用多元回归的方法,将高程、经度、纬度、坡向、坡度视为自变量,某一气象要素视为因变量计算回归系数,将回归系数反代入未引入回归计算的站点的回归方程式中,得到该站气象要素拟合值。

气象要素资料采用云南省 125 个自动观测站的实况资料,选取 24 h(前一天 20 时至当天 20 时)累积降水量、当天的平均温度及当天 08 时的露点温度等要素进行分析。在进行多元回归运算前先计算云南省各站点的坡向、坡度值,高程数据采用从地理信息系统提取。并参考陈贺等(2007)的方法,建立云南省气象要素与地理因子之间的关系模型:

$$
\begin{aligned}
p(x) = &\, a_1 \cdot a_{lt} + a_2 \cdot a_{lt}^2 + a_3 \cdot a_{lt}^3 \\
&+ b_1 [\cos(asp)] + b_2 [\cos(asp)]^2 + b_3 [\cos(asp)]^3 \\
&+ c_1 [\tan(slp)] + c_2 [\tan(slp)]^2 + c_3 [\tan(slp)]^3 \\
&+ d_1 \cdot lon + d_2 \cdot lon^2 + d_3 \cdot lon^3 \\
&+ e_1 \cdot lat + e_2 \cdot lat^2 + e_3 \cdot lat^3 + const
\end{aligned}
\tag{4.1.1}
$$

式中 $p(x)$ 表示某一站点的气象要素值（如降水量、温度、露点温度）；a_{lt}、asp、slp、lon、lat 分别表示高程、坡向、坡度、经度和纬度等地理因子；$a_1 \cdots e_3$ 为各变量的系数。云南省 125 个观测站点的经度、纬度和高程分布从 97.51°—105.38°E、21.29°—28.36°N、137.9～3488 m，高程跨度明显。应用多元回归方法确定各变量的系数值，计算时随机挑选 m 个站作为检验站，不进入回归系数的计算，用 $n-m$ 个站计算回归系数，再将回归系数分别代入 m 个检验站的回归方程，得到检验站某一气象要素的拟合值，对拟合值和实测值作标准化均方根误差（RMSE）统计，检验回归关系模型的适用性。

计算标准化均方根误差（RMSE）的公式为：

$$ e = \frac{1}{s} \left[\frac{1}{N} \sum_{n=1}^{N} (f_{拟合} - f_{实测})^2 \right]^{1/2} \tag{4.1.2} $$

式中 e 表示标准化均方根误差，s 表示实际观测值的标准差，N 为样本数，$f_{拟合}$ 和 $f_{实测}$ 为气象要素拟合值和实际观测值。根据标准化均方根误差的定义，当 e 小于 1.0 时，拟合值与实况值的均方根误差小于实况值的标准差，误差较小，反之较大。

（2）降水要素细化结果分析

选取 2008 年 11 月 2 日（降水累计时段为 11 月 1 日 20 时—11 月 2 日 20 时，下文中某天的降水累计时段均与此同）的一次全省性大到暴雨过程进行分析。11 月 2 日的大到暴雨过程出现暴雨 21 站次、大雨 43 站次，强降水区域主要出现在曲靖、文山、红河、昆明、玉溪、楚雄、普洱及临沧八个地州（如图 4.1.1 所示），该过程期间滇西北的 4 个地州、滇西南 5 个地州中的保山和德宏以及滇东北的昭通均未出现强降水，降水量级以小雨为主。从云南省的气候区域划分看，此次强降水过程主要集中在滇中和滇东南，滇西北未出现强降水过程。因此，研究过程中分两种情况进行分析：① 将全省 $n-m$ 个站的高程、经度、纬度等地理因子代入关系模型式（4.1.1）计算回归系数，再将计算所得的回归系数反代入随机抽取的 m 个检验站的回归方程中，计算拟合降水量（$n=125, m=5$）；② 分气候区进行分析，即分别用滇中（$n=31$）、滇东南（$n=21$）的 $n-m$ 个站做多元回归分析，模拟从该气候区随机抽取的 m 个站（$m=5$）的降水情况。最后将拟合值与实际观测降水量对比，检验模拟情况。同时为了对大区域（全省）和小区域（某气候区）的模拟情况也作一对比，每次计算时大区域选用的 m 个站点与小区域随机挑选的 m 个站点相同。

首先对滇中 5 个检验站的情况进行讨论。比较图 4.1.2 和图 4.1.3 可见，仅用滇中区域的站点拟合检验站的降水，其模拟效果比用全省的站点拟合的效果好，模拟值与实测值更接近，平均误差为 5.12 mm。由图 4.1.3 可见，大区域对降水量大于 50 mm 的站点的模拟效果比较差，五个检验站的平均误差为 21.72 mm。这说明采用地理因子比较接近的小区域来模拟降水量比大区域的模拟效果好，尤其对大于 50 mm 的暴雨而言，只引用滇中区域的地理因子其模拟情况更为理想。

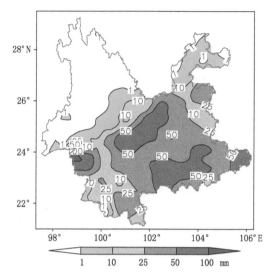

图 4.1.1　2008 年 11 月 2 日降水量分布图

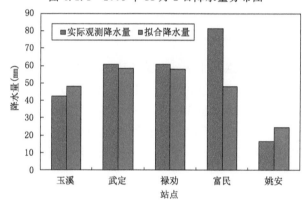

图 4.1.2　滇中检验站的实测降水量与拟合降水量对比图（回归模型仅运算滇中 31 个站点）

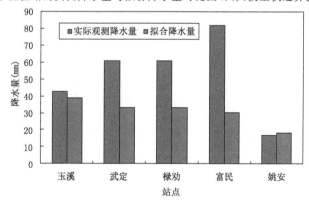

图 4.1.3　滇中检验站的实测降水量与拟合降水量对比图（回归模型运算全省 125 个站点）

将降水量分成小雨(0.1～9.9 mm)、中雨(10～24.9 mm)、大雨(≥25 mm)三个量级,若某一站点预报和实况都出现同一量级的降水,就定为正确,否则为错误,计算正确拟合的站点占检验站总数的百分率(如表 4.1.1 所示,表中"全省"指回归模型计算全省的站点,"滇中"指回归模型仅计算滇中区域的站点,表 4.1.2 同)。由表 4.1.1 可见,不论全省拟合还是区域拟合,滇中 5 个检验站的模拟降水量量级和实际降水量量级之间的吻合率达到 100%。

表 4.1.1　滇中检验站实测降水与拟合降水对比表

	实测降水		拟合降水				吻合率	
	降水量 (mm)	降水 量级	降水量(mm)		降水量级		全省 (%)	滇中 (%)
			全省	滇中	全省	滇中		
玉溪	42.5	大雨	38.6	47.9	大雨	大雨	100	100
武定	60.8	大雨	33.3	58.4	大雨	大雨	100	100
禄劝	60.9	大雨	33.2	58.1	大雨	大雨	100	100
富民	81.6	大雨	30.3	48.1	大雨	大雨	100	100
姚安	16.7	中雨	18.5	24.4	中雨	中雨	100	100

分析此次大雨过程另一强降水区——滇东南的模拟情况,结果见图 4.1.4 和图 4.1.5,其模拟效果更优于滇中区域,平均误差在−2.7 mm 到 3.94 mm 之间,模拟的降水量级和实况降水量级拟合率达 100%(见表 4.1.2)。但从图 4.1.4、图 4.1.5 和表 4.1.2 分析,滇东南与滇中的模拟结果有所差别,用全省 $n-m$ 个站点计算所得的拟合值优于仅采用滇东南区域 $n-m$ 个站进行回归计算得到的拟合值。为检验这一结论是否具有普遍性,本节对 2008 年 8 月 9 日、2009 年 6 月 23 日、6 月 30 日滇东南的大雨过程用相同方法进行比较分析,发现这几次过程都是选用滇东南 $n-m$ 个站

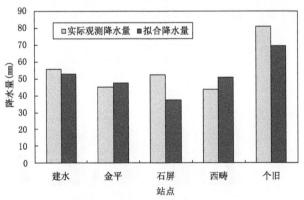

图 4.1.4　滇东南检验站的实测降水量与拟合降水量对比图
(回归模型仅运算滇东南 21 个站点)

得出的模拟结果好于全省多个站点回归计算得到的模拟结果(图表略)。表明选入回归模型的站点之间的地理信息越接近,所得的拟合效果越理想。

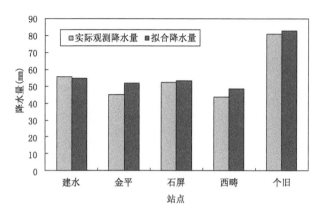

图 4.1.5　滇东南检验站的实测降水量与拟合降水量对比图

(回归模型运算全省 125 个站点)

表 4.1.2　滇东南检验站实测降水与拟合降水对比表

| | 实测降水 | | 拟合降水 | | | | 吻合率 | |
| | 降水量 (mm) | 降水量级 | 降水量(mm) | | 降水量级 | | 全省 (%) | 滇东南 (%) |
			全省	滇东南	全省	滇东南		
建水	55.5	大雨	54.5	52.5	大雨	大雨	100	100
金平	45.1	大雨	51.7	47.6	大雨	大雨	100	100
石屏	52.4	大雨	53.4	37.4	大雨	大雨	100	100
西畴	43.7	大雨	48.5	50.7	大雨	大雨	100	100
个旧	80.7	大雨	82.9	69.5	大雨	大雨	100	100

　　为了进一步验证该模型对降水要素插值的合理性。对 2009 年 6—8 月每天 24 h 的累计降水量作了类似分析,以全省 125 个气象站为样本,检验站点都遵循随机抽取的原则,每天皆抽取 10 个站为检验站。为方便比较,用小雨、中雨、大雨三个量级来进行分析,如同表 4.1.1 和表 4.1.2 的方法,若某一站点预报和实况都出现同一量级的降水,就设定为正确,最终统计每天达到正确模拟的站点占 10 个检验站的百分率(表 4.1.3)。由表 4.1.3 可见,运用地理因子建立回归模型模拟降水能达到较高的准确率,在三个月共计 92 d 的降水模拟中,有 16 d 达到 100% 的准确,拟合和实况之间的准确度在 80% 及以上的天数占总体样本的 56%,仅有 6 d 的模拟结果正确率在 50% 以下,占总分布的 6.5% 左右。

表 4.1.3　2009 年 6—8 月模拟降水与实测降水统计表

<table>
<tr><th></th><th>日期</th><th>6 月</th><th>7 月</th><th>8 月</th><th>日期</th><th>6 月</th><th>7 月</th><th>8 月</th></tr>
<tr><td rowspan="16">模拟与实测降水量级吻合率(%)</td><td>01</td><td>90</td><td>80</td><td>90</td><td>16</td><td>50</td><td>90</td><td>40</td></tr>
<tr><td>02</td><td>80</td><td>60</td><td>60</td><td>17</td><td>60</td><td>100</td><td>70</td></tr>
<tr><td>03</td><td>60</td><td>90</td><td>70</td><td>18</td><td>90</td><td>100</td><td>80</td></tr>
<tr><td>04</td><td>100</td><td>90</td><td>100</td><td>19</td><td>90</td><td>90</td><td>60</td></tr>
<tr><td>05</td><td>100</td><td>80</td><td>50</td><td>20</td><td>80</td><td>100</td><td>40</td></tr>
<tr><td>06</td><td>60</td><td>40</td><td>40</td><td>21</td><td>70</td><td>10</td><td>90</td></tr>
<tr><td>07</td><td>70</td><td>80</td><td>90</td><td>22</td><td>80</td><td>60</td><td>60</td></tr>
<tr><td>08</td><td>90</td><td>100</td><td>100</td><td>23</td><td>50</td><td>90</td><td>70</td></tr>
<tr><td>09</td><td>70</td><td>100</td><td>100</td><td>24</td><td>60</td><td>100</td><td>90</td></tr>
<tr><td>10</td><td>60</td><td>90</td><td>90</td><td>25</td><td>50</td><td>80</td><td>90</td></tr>
<tr><td>11</td><td>50</td><td>100</td><td>80</td><td>26</td><td>80</td><td>40</td><td>90</td></tr>
<tr><td>12</td><td>100</td><td>80</td><td>50</td><td>27</td><td>50</td><td>70</td><td>100</td></tr>
<tr><td>13</td><td>100</td><td>60</td><td>80</td><td>28</td><td>70</td><td>60</td><td>90</td></tr>
<tr><td>14</td><td>80</td><td>90</td><td>50</td><td>29</td><td>90</td><td>60</td><td>70</td></tr>
<tr><td>15</td><td>90</td><td>100</td><td>60</td><td>30</td><td>70</td><td>70</td><td>50</td></tr>
<tr><td>　</td><td>　</td><td>　</td><td>　</td><td>31</td><td>　</td><td>90</td><td>60</td></tr>
</table>

　　由以上分析表明,地理因子与云南省的降水关系密切,采用地理回归模型可以较准确地外推出无气象资料的区域的降水情况。若以降水量级来判定模拟效果,则模拟的降水量级能达到较高的准确率。在多元回归计算时,代入回归方程的各站点的地理信息越相近,则相似条件下的检验站的拟合效果越好。

　　(3)温度要素细化结果分析

　　与降水分析类似,本研究运用回归模型讨论了云南省温度与地理因子之间的关系。选取 2009 年 6—8 月每天的平均温度代入回归方程,随机抽取 10 个站为检验站,计算拟合温度与实况温度的标准化均方根误差。分两种情况进行讨论:① 随机抽取出 10 个检验站后,就固定每一天都选取这 10 个检验站,对每个检验站每个月31 d(或 30 d)样本进行标准化均方根检验,统计 10 个检验站每个月的拟合情况;②每天都随机抽取不同的 10 个检验站,对每一天的拟合结果进行标准化均方根检验,每个月共有 31 个(或 30 个)标准化均方根值。分析发现温度的拟合率很高,对于情况 1,每个站、每个月的标准化均方根误差值都小于 1,拟合值与实况值之间的误差较小(图 4.1.6 所示)。对于情况 2,每天的检验站都随机挑选,每两天之间的站点不尽相同,对全省的观测站基本都进行了拟合,从图 4.1.7 可见,温度与地理因子之间的关系很密切,用地理因子回归模型能很好地拟合出缺测站的温度。

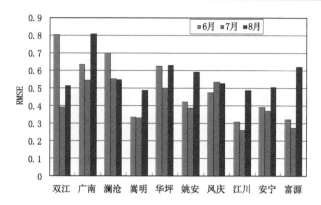

图 4.1.6　拟合温度与实况温度标准化均方根误差 RMSE(检验站相同)

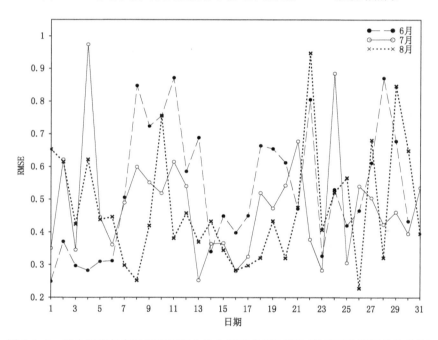

图 4.1.7　拟合温度与实况温度标准化均方根误差(RMSE)(每天选取不同的检验站)

(4)湿度要素细化结果分析

与温度模拟分析相同,研究了湿度与地理因子的关系。由于露点温度与气温的差值可以表示空气中的水汽距离饱和的程度,因此,本节选用云南省 125 个气象站要素观测中的露点温度作为分析对象,研究地理因子与湿度的关系。

分析表明露点温度的模拟值与实测的露点温度差异小,两者之间标准化均方根误差小于 1,夏季三个月的模拟结果与实测值之间的标准化均方根误差仅有 3 d 大于 1(图 4.1.8),但均方根误差最大也只是实际观测温度标准差的 1.2 倍,均方根误差

为 1℃左右。而从图 4.1.9 看,每天的露点温度的模拟效果较好,标准化均方根误差
都小于 1,拟合露点温度与实测值之间的平均误差小于 2℃(图略)。

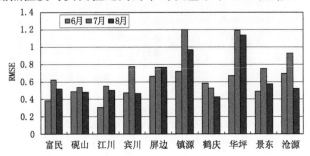

图 4.1.8　拟合露点温度与实况露点温度标准化均方根误差(RMSE)(检验站相同)

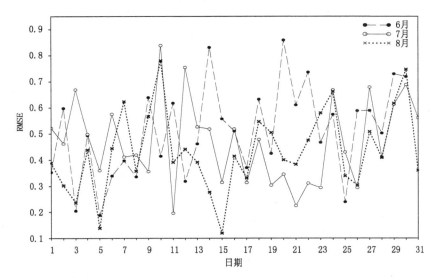

图 4.1.9　拟合露点温度与实况露点温度标准化均方根误差(RMSE)(每天选取不同的检验站)

在温度和露点温度的分析中,由于采用其余 115 个站的要素场进行回归计算已
能很好地模拟随机抽取的 10 个检验站的要素值,与实况之间的差值已很小,因此,不
再详细讨论分为小区域时温度和露点温度的模拟情况。随机采样多次后发现误差较
大(>3℃)的站主要出现在元阳、元江等站点,这些站点处于河谷地带,与周围站点的
地理环境差异较大,采用全省的多个站点作拟合误差就比较大,当选取与元江、元阳
等站点的地域相近的气象站建立回归方程,得到的模拟结果与实况之间的误差降到
2℃以下。

(5)小结

经度、纬度、高程、坡向、坡度等地理因子与气象要素的变化有密切关系,建立地
理因子与气象要素之间的关系模型,用多元回归的方法讨论它们之间的联系,从统计

学意义上来说考虑了某些地理因子对气象要素贡献的程度。从以上分析可见,地理因子与降水、温度、湿度的相关性较高,能较好地模拟缺乏观测资料的区域的降水量和温度,尤其是对降水量级的模拟能取得较高的准确度,并且在进行回归计算时,引入回归方程的区域越小,各站点的地形越相似,则要素的模拟值与实况吻合的程度就越高。温度和湿度的模拟结果与实况之间的标准化均方根误差小于 1,拟合和实况温度接近,大部分站点误差控制在 1℃左右;对河谷地带误差偏大的站点,选取小区域、相似点建立回归方程也能得到理想的模拟效果。

4.1.2　多种空间插值方法对比分析

（1）方法介绍

为了进一步验证基于地理因子的空间插值方法的合理性,将上述插值方法与不考虑地理因子的一般空间插值方法进行对比分析。选用的插值方法有:

a. 反距离平方加权法,简称 IDW 法。

$$\text{IDW 法：} \qquad Z = \Big(\sum_{i=1}^{n} \frac{Z_i}{d_i^2} \Big) \Big/ \Big(\sum_{i=1}^{n} \frac{1}{d_i^2} \Big) \qquad (4.1.3)$$

式中 Z 为插值点的气象要素值,Z_i 为第 i 个站点的气象要素值,d_i 为插值点与站点间的距离。拟合时选取插值站点周围至少三个站引入公式计算。

b. 一阶趋势面内插法,简称 TR 法。

$$\text{TR 法：} \qquad Z = b_0 + b_1 X + b_2 Y \qquad (4.1.4)$$

式中 Z 为插值点的气象要素值,X、Y 为插值点的纬度和经度,b_0、b_1、b_2 为由一系列回归方程计算的系数。拟合时选取插值站点周围至少 5 个站引入公式计算回归系数。

c. 地理因子回归拟合法即前面研究的插值方法,下简称 GMR 法。插值时按照气候区划分为:滇东(昭通、曲靖)、滇中(昆明、玉溪、楚雄)、滇东南(文山、红河)、滇西南(普洱、西双版纳、临沧、保山、德宏)、滇西北(大理、丽江、迪庆、怒江),对每个气候区的站点分别进行插值。

对比分析时采用交叉验证法验证各插值方法的效果,以绝对平均误差(MAE)和均方根误差(RMSE)作为评估插值方法效果的标准。考虑到降水分布的离散性,对于降水计算月平均绝对平均误差和月平均均方根误差。

（2）结果对比分析

2010 年 10 月 9 日云南出现全省性大雨过程,本节选取这一个例进行降水要素插值对比分析。分别用三种插值方法得到不同插值方法下 125 个站的估测降水量,与实况降水分布进行比较。

对比各种方法得到的降水量和实况降水量分布图(图 4.1.10 所示)可以看出:三种插值方法基本能够拟合出此次过程小雨、中雨、大雨各量级降水的总体分布特征。

但在暴雨区及各量级区域分布的细节上还是有较大差别。IDW 法对滇西北的大雨区模拟的范围偏大，暴雨区没有有效模拟出来。TR 法比 IDW 法稍好一些，但暴雨的模拟范围仍偏小。总体看前两种方法对各量级降水的分解过于平滑，无法精确体现降水落区的分布细节。GMR 法拟合的降水分布范围和量级都比较符合实际，但是最大值中心比实况偏大，这是该方法的不足之处。

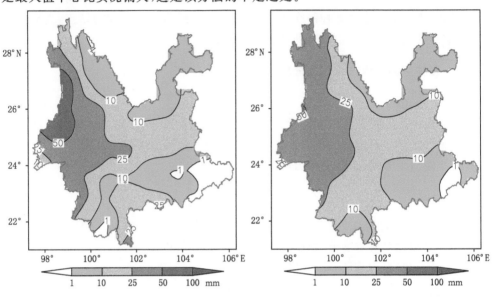

图 4.1.10a　24 h 降水实况　　　　　　图 4.1.10b　IDW 法拟合的 24 h 降水

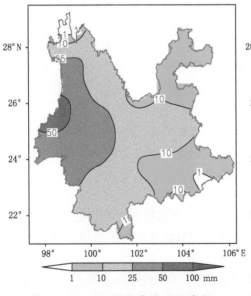
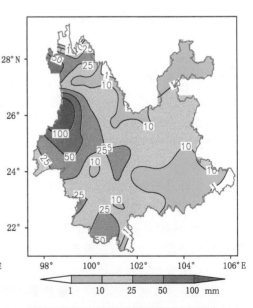

图 4.1.10c　TR 法拟合的 24 h 降水　　　图 4.1.10d　GMR 法拟合的 24 h 降水

（3）小结

复杂的地形、地貌对各地面气象要素的影响无疑十分明显，在现有观测网站分布不够密集的情况下进行气象要素空间细化必须考虑地理因子的影响。本节所选用的插值方法基本合理，但仍有诸多细节需要深入和定量研究。例如对个别异常的站点拟合值应在通过较大样本的历史资料进行适当极值控制，或者进行细致的区域划分并建模。另外，各种地理因子对不同要素的影响程度可能是不同的，对同要素的影响权重亦可能不同。例如温度要素的拟合与地理因子的关系比较密切的是经度、纬度和海拔高度，相对而言海拔高度的影响起主要作用。这些问题将在以后的研究中深入和细化。

4.2 精细化定量降水监测

4.2.1 资料和方法

由于地面气象观测站点的部署往往受限于交通、电力、通信、行政区划、维护能力等外界条件，现有观测站点的空间分布极不均匀且相对稀疏，尽管已经建设了大批量山洪区域观测站网，但对于局地气象特征极其明显的云南区域，现有地面气象观测信息的精细程度仍然难以满足地质灾害研究及预警专业服务需求。为了提高地质灾害点附近气象降水等监测信息的准确度，在充分使用现有地面自动站观测信息的基础上，引入了具有广覆盖、高分辨率的卫星、雷达观测数据源进行精细化定量降水估测技术研究。在进行联合估测降水研究时，使用的资料有 TBB、云分类、雷达基本反射率资料、自动站 1 h 降水资料。具体如下：

（1）FY-2 卫星云分类产品，资料生成原理及格式参照《风云二号卫星业务产品与卫星数据格式实用手册》。

（2）FY-2 卫星 TBB 观测资料，范围为 45°—165°E（FY2C），27°—147°E（FY-2D），60°N—60°S。

（3）自动气象站逐小时雨量观测资料，降水量资料均要通过极值检查、时间一致性检查和空间一致性检查，极值检查使用区域界限值检查，纬度大于 25 度的站点界限值为 125 mm/h，纬度小于 25 度的站点界限值为 150 mm/h。

（4）雷达反射率因子强度观测资料，首先对多普勒雷达回波数据进行中值滤波处理，然后将反射率因子插值成 3 km×3 km 的格点数据使用。

中值滤波的基本原理是把数字图像或数字系列中一点的值用该点的一个邻域中各点值的中值代替，中值的定义如下：

一组数 $x_1, x_2, x_3, \cdots, x_n$，把 n 个数按值的大小顺序排列：

$$x_{i1} \leqslant x_{i2} \leqslant x_{i3} \leqslant \cdots \leqslant x_{in} \tag{4.2.1}$$

$$y = Med\{x_1, x_2, x_3, \cdots, x_n\} = \begin{cases} x_{i(\frac{n+1}{2})} & n \text{ 为奇数} \\ \frac{1}{2}\left[x_{i(\frac{n+1}{2})}\right] + x_{i(\frac{n+1}{2})} & n \text{ 为偶数} \end{cases} \quad (4.2.2)$$

y 称为序列 $x_1, x_2, x_3, \cdots, x_n$ 的中值。

先对雷达反射率因子观测数据进行中值滤波,达到既去除噪声又保护图像边缘的效果。然后读取雷达体扫观测资料中的最低四个仰角:0.5°、1.5°、2.4°、3.4°,分别使用在 50 km 以外、35~50 km、20~35 km 和 0~20 km 的距离范围,将反射率因子投影到以雷达站为原点的直角坐标系上,然后将数据使用最近插值方法,得到 3 km ×3 km 的格点数据。

由于雷达、卫星观测数据源对降水量的观测不是直接测量,而是遥感相关要素反演降水量并进行多时次累加,这样估测得到的降水量不可避免地存在误差。鉴于主流的基于雷达或卫星反演降水的方法均存在一定的缺陷(雷达反演降水场范围小且存在盲区;卫星反演降水场分辨率和准确率较低),且对降水监测结果有明显差异,本研究中针对高原地区降水性质对降水效率的明显影响选用了不同云分类情形下的 $Z-I$ 关系反演降水(云分类 $Z-I$ 关系法),为了有效避免雷达观测盲区造成的缺测,加入了云图反演降水结果(Scofield-Oliver 云图估测降水方法)通过权重集成后形成高分辨率降水估测场。具体方法如下:

(1) 云分类 $Z-I$ 关系

混合像元:$Z = 180I^{1.5}$

雨层云:$Z = 160I^{1.1}$

积雨云:$Z = 178I^{1.6}$ (4.2.3)

层积云:$Z = 170I^{1.4}$

在实际业务运用中,读取一个格点的雷达反射率因子值及该时次的云型数据,通过 $dBZ = 10\lg Z$ 计算出 Z 值,把 Z 值代入相应云型的关系式中进行计算,逐一计算出 1 小时内的雨强,再进行累加得到测站 1 h 降水估测值。

(2) Scofield-Oliver 云图估测降水方法步骤

第一步,分析是否有对流云系。

第二步,利用 TBB 观测资料,分析对流云区内是否出现温度低于 $-32℃$ 的冷云区。

第三步,识别对流云区。

第四步,由云顶温度和云区面积变化估计降水率。

第五步,估计出现云顶凸起、单体合并和云线合并时的降水。

第六步,求取总的降水估测值。

(3) 联合降水量估测方法

通过对雷达、卫星观测资料进行反演,可以分别估测出降水量。由于两者的遥感观测方式不同且反演技术各有优劣,为了得到最优的降水估测结果,本节使用联合降水估测方法,通过两者估算统计误差达到最小的限制条件来得到精细化降水估测结果。具体方法如下:

$$r_{rs} = a_r r_r + a_s r_s \quad (a_r + a_s = 1.0) \qquad (4.2.4)$$

式中 r_{rs}、r_r、r_s 分别为某一时空点上降水量的联合估测值、雷达估测值和卫星估测值。a_r、a_s 分别为雷达和卫星值的权重系数,通过权重系数的选取可计算出不同的联合估测值。

对样本资料,联合估算值与地面观测值的均方根误差为:

$$Si_j = \sqrt{\frac{1}{n}\sum_{j=1}^{n}(F_{ij} - O_j)} \quad (i = 1,2,3,\cdots\cdots,k) \qquad (4.2.5)$$

式中 k 为 a_s 值的改变次数,n 为资料样本数,F_{ij} 为联合估测值 r_{rs} 第 j 个样本在第 i 个 a_r 的数值,O_j 为第 j 个样本的观测值。

通过样本测试得到降水量估测场的关系式为:

$$r_{rs} = 0.6r_r + 0.4r_s \qquad (4.2.6)$$

4.2.2　估测结果对比分析

(1)云分类 $Z-I$ 关系估测结果对比分析

选取 2010 年 6 月 27 日 17 时至 30 日 20 时滇中地区出现大雨局部暴雨时段和 7 月 1 日至 4 日滇中地区无降水时段作为研究个例,剔除资料不全时段外,共收集完整样本数 150 个用于对比研究,分析降水估测方法对有无降水及强降水情形下的估测能力。

$$Z_{昆明} = 198.6I^{1.65} \qquad (4.2.7)$$

对滇中地区的 18 个测站分别采用云分类 $Z-I$ 关系、传统 $Z-I$ 关系(公式 4.2.7)进行降水估测,结果显示:针对各个测站用两种 $Z-I$ 关系估测出的降水,都很好地反映出降水开始以及降水结束的趋势。图 4.2.1 给出了澄江、寻甸、沾益三个站点利用云分类 $Z-I$ 关系、传统 $Z-I$ 关系估测的 3 h 降水与实测降水的对比图(其他测站图略),从图上可以看出:估测降水的起始时间、结束时间与实况观测有较好的一致性,并且把各个测站的降水增强和减弱特征也清晰地反映出来。两种 $Z-I$ 关系对所有测站估测的降水基本没有出现降水遗漏情况,实况出现降水均有估测降水值相对应。由此可见,雷达回波观测资料与降水实况观测之间的关联性较好,基于多普勒雷达回波强度反演降水强度在云南是切实可行的,且反演关系式中系数的本地化修订或选取有助于降水估测结果的改善。

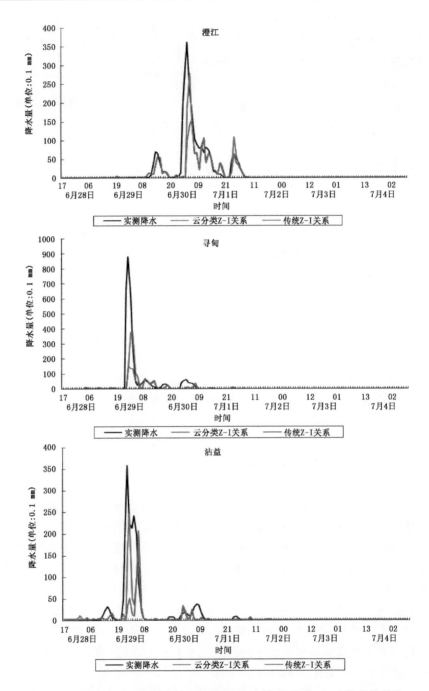

图 4.2.1　滇中地区三个测站利用云分类 $Z-I$ 关系、传统 $Z-I$ 关系估测的
3 h 降水与实测降水的对比图

表 4.2.1　两种方法对大于 25 mm 最大降水估算表　　　　　　单位:mm

	传统 $Z-I$ 关系	云分类 $Z-I$ 关系	实测
澄江	14.1	27.8	36.2
寻甸	14.7	37.7	87.9
沾益	5.1	24.7	35.9

　　对比分析两种不同反演方法得到的降水估测误差(表 4.2.1),结果表明:各测站云分类 $Z-I$ 关系估测的降水值均比传统的 $Z-I$ 关系估测结果更接近实测降水值,云分类 $Z-I$ 关系估测降水方法总体优于传统 $Z-I$ 关系估测方法。对于单个时次强降水的估测,云分类 $Z-I$ 关系估测的强降水误差比传统 $Z-I$ 关系估测的误差明显减小。在 18 个测站中出现大于 50 mm 降水的测站有寻甸站,3 h 内出现了 87.9 mm 的降水,云分类 $Z-I$ 关系估测的降水为 37.7 mm,而传统 $Z-I$ 关系估测的降水仅为14.7 mm,云分类 $Z-I$ 关系估测的降水误差比用传统 $Z-I$ 关系估测的减小了 23 mm;对于 25~50 mm 的降水估测,样本中符合条件的测站有澄江、沾益,澄江出现最大降水 36.2 mm,云分类 $Z-I$ 关系估测降水为 27.8 mm、传统 $Z-I$ 关系估测降水 14.1 mm,云分类 $Z-I$ 关系估测的降水误差比传统 $Z-I$ 关系估测减小 13.7 mm,沾益出现最大降水 35.9 mm,云分类 $Z-I$ 关系估测降水为 24.7 mm、传统 $Z-I$ 关系估测降水为 5.1 mm,云分类 $Z-I$ 关系估测的降水误差比传统 $Z-I$ 关系估测的误差减小 19.6 mm。对于小于 25 mm 的降水估测,云分类 $Z-I$ 关系估测的降水误差能控制在 5 mm 以内,且用云分类 $Z-I$ 关系估测的降水误差比传统 $Z-I$ 关系估测的能减小 1~5 mm。

表 4.2.2　3 h 实测降水与估测降水的相关系数

站名	相关系数 1(云分类 $Z-I$ 关系)	相关系数 2(传统 $Z-I$ 关系)
富民	0.6505	0.6292
安宁	0.7483	0.7467
宜良	0.6083	0.4784
澄江	0.7416	0.7010
武定	0.6363	0.6006
禄劝	0.7784	0.6819
寻甸	0.7403	0.6342
江川	0.7424	0.7314
玉溪	0.7867	0.7430
马龙	0.6388	0.5563
陆良	0.5060	0.4699
弥勒	0.6244	0.6173
通海	0.7545	0.7395
楚雄	0.7031	0.6879
元谋	0.7930	0.5329

站名	相关系数 1（云分类 $Z-I$ 关系）	相关系数 2（传统 $Z-I$ 关系）
沾益	0.6272	0.5192
泸西	0.7058	0.6935
石屏	0.6704	0.6674
18 个站平均值	0.6920	0.6350

　　表 4.2.2 给出了滇中 18 个测站估测降水与实测降水的相关系数，表中相关系数 1 和相关系数 2 分别是云分类 $Z-I$ 关系、传统 $Z-I$ 关系估测降水与实测降水的相关系数，所有测站的相关系数均大于 0.45，并通过信度为 95% 的检验。比较云分类 $Z-I$ 关系、传统 $Z-I$ 关系估测降水与实测降水的相关系数，18 个测站的云分类 $Z-I$ 关系反演估测降水的相关系数相对于传统 $Z-I$ 关系估测结果都有所提高，其中宜良、沾益、元谋等站相关系数普遍提高了 0.1 以上。总体上看，全部测站相关系数平均值分别为 0.692 和 0.635，使用云分类 $Z-I$ 关系方法估测降水具有更佳的估测效果。

表 4.2.3　3 小时实测降水与估测降水的均方根误差　　　　单位：mm

站名	均方根误差 1（云分类 $Z-I$ 关系）	均方根误差 2（传统 $Z-I$ 关系）
富民	1.5	2.0
安宁	1.2	2.0
宜良	2.1	2.6
澄江	3.4	3.7
武定	1.0	2.5
禄劝	0.7	1.2
寻甸	8.7	10.5
江川	1.5	1.8
玉溪	1.0	1.3
马龙	1.4	1.6
陆良	1.2	1.4
弥勒	1.7	1.9
通海	0.9	1.5
楚雄	2.1	3.2
元谋	0.8	1.4
沾益	3.5	4.7
泸西	2.5	3.6
石屏	1.5	2.2
18 个测站平均值	2.06	2.72

　　表 4.2.3 给出了各个测站估测降水与实测降水的均方根误差，均方根误差 1 和均方根误差 2 分别是云分类 $Z-I$ 关系、传统 $Z-I$ 关系估测降水与实测降水的均方根误差。均方根误差 1 中有 3 个测站的误差小于 1 mm，9 个测站在 1~2 mm 之间，2~5 mm 之间有 5 个站，有 1 个站为 8.7 mm。比较云分类 $Z-I$ 关系、传统 $Z-I$ 关

系估测降水与实测降水的均方根误差,各个测站都有减小,寻甸、沾益、泸西和武定等测站的均方根误差减小了 1~2 mm。从 18 个测站的平均值可以看出,云分类 $Z-I$ 关系、传统 $Z-I$ 关系估测降水与实测降水的均方根误差分别为 2.06 mm、2.72 mm,使用云分类 $Z-I$ 关系方法估测降水后均方根误差减小了 0.66 mm。

(2)联合降水量估测结果对比分析

图 4.2.2 给出了 2012 年 8 月 18 日 20 时－19 日 20 时云南省 24 h 降水实况 (图 4.2.2a)和定量降水估测结果(图 4.2.2b)空间分布。在此次过程中,云南 125 个县站中,共有 7 站出现暴雨,11 站出现大雨。大雨以上量级主要出现在滇西南和南部边缘地区,在普洱、西双版纳的部分乡镇还出现了局地大暴雨天气。对比分析可以发现:估测降水对各量级降水落区分布趋势有一定的估测能力。首先,大到暴雨局部大暴雨主要出现在滇西南地区,在估测降水图上强降水落区对应较好,只是范围略偏小;对于局地大暴雨落区有所反映,但范围总体偏小。其次对于德宏南部的大雨区在估测图上也有表现。但对于红河南部、文山西南部的大雨局部暴雨区没有反映出来。另外,对于滇中及以北地区降水强度以小到中雨的趋势也可以较好地反映出来。在滇西北、滇东北降水不明显,估测降水量级对应比较好。但对于滇南、滇西边缘的中雨降水区,估测降水量级有些偏弱,基本以小雨为主。

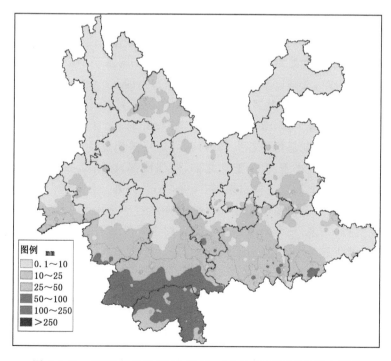

图 4.2.2a　2012 年 8 月 18 日 20 时－19 日 20 时云南省降水实况

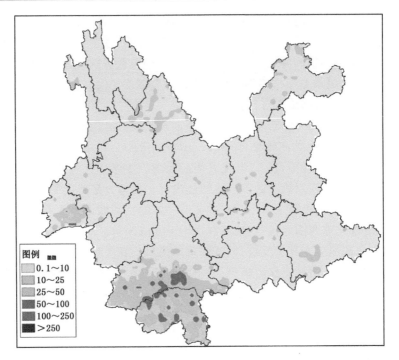

图 4.2.2b　2012 年 8 月 18 日 20 时—19 日 20 时云南省 24 小时估测降水

2012 年 9 月 11 日 20 时—12 日 20 时云南省出现全省性大雨天气过程,全省县级台站中,共出现 1 站大暴雨(河口站 154.8 mm),8 站暴雨,16 站大雨。强降水区呈现西北—东南走向,大雨以上量级降水主要分布在丽江—文山北部一线,滇中部分乡镇还出现了大暴雨。其余大部地区以小到中雨天气为主,仅在普洱东部、丽江北部有部分乡镇零星分布着大雨、暴雨量级降水(图 4.2.3a)。对比估测降水分布图可以看出,在滇中附近为大到暴雨局部大暴雨,较好地反映出此次强降水的中心及量级。但是大雨落区范围明显小于实况,怒江北部、丽江西部、曲靖南部以及江城附近的大雨局部暴雨在估测图上没有反映出来(图 4.2.3b)。另外,对于河口的大暴雨也没有反映出来,而滇中的大暴雨范围则过大。估测降水对于小雨和中雨量级的范围和实况比较吻合。总的来说,估测降水对此次降水的主要强降水落区有一定估测能力,但强降水落区范围明显偏小,其余量级反映较好。

从上述两次降水过程估测结果综合分析看,使用联合降水量估测方法可以较好地反映出强降水落区空间分布特征,对较小量级的降水区以及无降水区也有较好的估测能力。但由于云南降水局地性强、空间分布极不均匀,且降水涉及云水总量、空中蒸散、地形增幅和消减等环节,使用雷达、卫星观测数据估测得到的降水量在部分区域存在一定的误差。总体而言,在充分使用现有地面自动站观测信息的基础上,引入具有广覆盖、高分辨率的卫星、雷达观测数据源进行精细化定量降水估测无疑是得

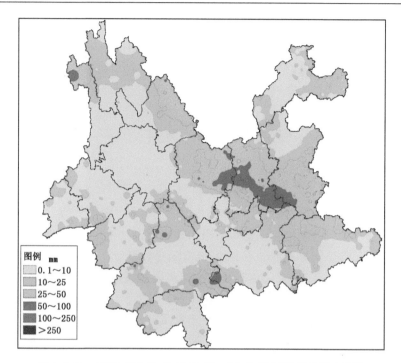

图 4.2.3a 2012 年 9 月 11 日 20 时—12 日 20 时云南省降水实况

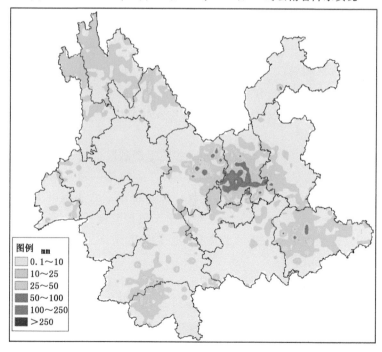

图 4.2.3b 2012 年 9 月 11 日 20 时—12 日 20 时云南省估测降水

到高分辨率降水监测信息的一个有效途径,联合降水量估测方法代表了近期内的精细化监测业务发展方向。因此,业务中及时引入新建的区域站逐小时降水观测,基于联合降水量估测方法和空间精细化插值方法细化为 3.0 km×3.0 km 网格数据作为降水实况进入地质灾害气象风险预警模型。

4.3　精细化定量降水集成预报

4.3.1　精细化定量降水集成预报技术

（1）方法介绍

地质灾害气象风险精细化预警对于降水预报产品的准确率、精细程度提出了更高的要求。为了保障预警产品的可靠性,具有最优预报质量、客观精细的定量降水预报是关键环节。然而,当前天气预报业务中能获取的国内外数值模式降水预报产品种类较多,预报质量参差不齐,预报员要从海量的数值预报产品中提取较为准确和精细的预报信息,并通过主观经验,判断得到定量预报是十分烦琐和困难的。由于借助集成技术,可以相对简便、有效地提取众多数值预报产品的有用信息,保障定量降水预报质量的最优性。因此,基于多种数值预报产品的定量降水预报集成技术和空间精细化插值方法来研发客观、精细的定量降水预报产品无疑是较好的选择。

集成预报就是将各种预报提供的信息作为新因子作统计预报,得到一个统一结果的过程。该方法主要强调两个方面的内容:一是每个集成成员的可用信息都要得到最大限度的提取和利用;二是实现综合集成预报效果最好,其预报产品的性能稳定（杞明辉等,2006）。天气预报中常用的集成预报方法有算术平均集成法、线性回归集成法、权重线性集成法和动态变权集成法（滑动变权集成法）等。具体方法介绍如下:

（a）算术平均集成法

算术平均集成也是一种权重集成,即对各预报产品取平均（权重系数都为 1）,作为集成预报结果。该方法计算简单、效果稳定,产生的是一种并集的结果（程鹏等,2007）,预报评分不会太差,具有一定实用性。但这种集成方法扼杀了各预报成员的个性,可能存在较高的空报率。因此,一般不用于离散型变量（如降水）的预报,而多用于几种预报性能相差不大或连续型变量（如温度）的预报。

（b）线性回归集成法

线性回归集成法是将 P 种预报结果 $y_1,\cdots,y_p$,看成回归分析中的 P 个预报因子,对预报量（如降水）做线性回归分析。得到回归方程:

$$\hat{y} = b_0 + b_1 y_1 + \cdots + b_p y_p \tag{4.3.1}$$

该方法是利用统计方法和历史资料对参考信息进行分析,能较好地提炼有价值的预报,改善预报效果。如果预报对象为单站降水,预报因子为格点预报产品,要先将格点预报产品线性内插到相应站点上,建立预报方程时要求单站降水(预报对象)和 P 种预报结果(预报因子)具有相同的预报样本 n,通过求解回归系数,得到某一预报时效 t,某个气象站 q 的降水预报方程。因为数值模式在不同季节的预报效果有一定差异,业务应用中还要分别建立不同季度或月份降水预报方程。因此,某个气象站 q,在 k 季度,t 预报时效内的降水预报方程写为:

$$\hat{y}_{qkt} = b_{qkt0} + b_{qkt1}y_1 + \cdots + b_{qktp}y_{qktp} \tag{4.3.2}$$

由上式可知,线性回归集成法通过对历史资料的拟合训练,对各个气象站分别建立不同季节、不同预报时效的预报方程,能很好地体现各种预报产品在不同季节、不同预报时效、不同区域的预报贡献,达到较好的预报集成效果。

(c)权重线性集成法

权重线性集成法是根据各个预报产品的准确率或 TS 评分的优劣,配以不同的权重,组成简单的线性组合,建立预报方程,从而得到集成预报结果。设有 P 种降水预报产品,即对降水就有 P 个预报结果 $y_1, y_2, \cdots, y_p$,则有集成预报:

$$y = \sum_{k=1}^{p} w_k y_k \tag{4.3.3}$$

其中 w_k 为第 k 个预报产品的权重,各权重满足 $\sum_{k=1}^{p} w_k = 1$。以降水预报为例,假如现在有欧洲中期天气预报中心细网格降水预报和中央台下发指导预报两种产品,需要对每个气象站未来 $0 \sim 168$ h 的降水分别以 24 h 为间隔建立预报方程。例如对未来 $0 \sim 24$ h 的降水预报,取中雨量级预报 TS 评分作为判别预报效果好坏的标准,欧洲中期天气预报中心细网格降水 TS 评分为 32.1%,中央气象台指导预报 TS 评分为 24.4%,则两种预报的权重分别为:

$$w_1 = 32.1/(32.1 + 24.4) = 0.57 \tag{4.3.4}$$

$$w_2 = 24.4/(32.1 + 24.4) = 0.43 \tag{4.3.5}$$

那么,该气象站未来 $0 \sim 24$ h 的降水集成预报方程为:

$$y = 0.57y_1 + 0.43y_2 \tag{4.3.6}$$

同理,在建立 $24 \sim 48$ h、$48 \sim 72$ h $\cdots$ $144 \sim 168$ h 的预报方程时,将不同预报时效的最新数值模式预报产品代入预报方程,即可得到预期的集成预报结果。

权重线性集成预报法,可以根据各成员对不同站点的预报效果分配到不同的权重,突出了单个预报成员的贡献,可以充分吸收针对某一区域具有较好预报性能成员的预报信息,避免不同产品在技术处理上的信息平滑。但应用该方法时,要求集成成员的预报质量不能太差,且预报效果要相对稳定(即前期统计时段检验得到的预报水平在后期业务应用中要基本保持),集成预报结果才相对较好,否则集成后的结果可能出现不如单一预报成员预报效果好的情况。

(d)动态变权集成法

权重线性集成预报法,是在一定历史资料统计基础上建立的预报方程,方程中各成员的权重一般是固定的。除非累积了新的历史资料后,需要重新建立预报方程,才可能对各成员的权重做改动。然而,在实际业务中集成成员的预报效果可能在不同季节或不同时间段内出现系统性误差波动,权重线性集成预报法很难反映出来。为了充分吸收不同预报时间段具有较好预报性能成员的预报信息,达到持续最优的预报效果,可应用动态变权集成法(也称滑动变权集成法)。所谓动态变权集成法就是根据各个预报成员最近几天的预报性能(TS 评分或平均绝对误差),进行动态分配权重系数的集成预报方法。该方法的优点是能实时调整预报方程中各成员所占的权重,既突出了某个成员在某类天气过程中预报效果偏好的个性,又降低了其他成员在某类天气过程中预报效果较差的权重,有利于集成预报效果的优化。

在此以降水预报为例,主要介绍两种动态变权集成法,一种是以 TS 评分为依据的动态权重集成法,简称 TS 变权集成法;另一种是以预报误差为依据的动态权重集成法(严明良等,2009),简称误差变权集成法。

TS 动态变权集成法的技术原理是设某个气象站 q,t 预报时效内有 P 种降水预报产品,即 $y_1, y_2, \cdots, y_p$,则该气象站的集成预报方程为:

$$y_{qt} = \sum_{k=1}^{p} w_{qtk} y_{qtk} \tag{4.3.7}$$

式中 w_{qtk} 为第 k 个预报产品的权重,权重满足 $\sum_{k=1}^{p} w_{qtk} = 1$。在进行业务预报时,$w_{qtk}$ 是一个动态变化的,具体赋值方法为:取 $i = 1, 2, \cdots, n$,为连续滚动的预报天数,分别计算每个集成成员在预报起报日前 n 天的中雨以上量级预报 TS 评分(取中雨以上评分作为权重系数赋值依据)T_{qtk},则第 k 个预报成员的权重系数为:

$$w_{qtk} = T_{qtk} / \sum_{k=1}^{p} T_{qtk} \tag{4.3.8}$$

这样,就得到第 q 个气象站,t 预报时效的降水预报方程:

$$\overline{y}_{qt} = w_{qt1} y_1 + w_{qt2} y_2 + \cdots + w_{qtp} y_p \tag{4.3.9}$$

同理,对每个气象站建立各个预报时效的预报方程,每天滚动计算前 n 天的预报评分,确定预报方程的权重,代入预报方程就得到动态变权集成预报结果。

TS 变权集成法与误差变权集成法的主要技术原理是一致的。最大的区别仅在于预报方程中权重系数的分配方式不同。前者是通过预报的 TS 评分来分配的,后者是通过预报的平均绝对误差来分配权重系数。误差变权集成法中权重的具体计算如下:

首先计算第 q 个气象站,t 预报时效时,第 k 个预报成员在连续滚动 $i = 1, 2, \cdots, n$ 天的预报平均绝对误差 E_{qtk}:

$$E_{qtk} = \frac{1}{n} \sum_{i=1}^{n} |f_{qtki} - r_{qtki}| \qquad (4.3.10)$$

对 E_{qtk} 取倒数 $Q_{qtk} = 1/E_{qtk}$，则第 k 个预报成员的权重系数为：

$$w_{qtk} = Q_{qtk} / \sum_{k=1}^{p} Q_{qtk} \qquad (4.3.11)$$

同理，对每个气象站建立各个预报时效的预报方程，每天滚动计算前 n 天的预报平均绝对误差，改变预报方程的权重，代入预报方程就得到动态变权集成预报结果。

实际业务应用检验发现，降水集成预报结果的空报率往往随着预报成员间的差异性或离散度的增大而增大。因此，必须对集成结果加以修订，来抑制空报的发生程度。假定计算 TS 评分或平均绝对误差的滚动天数为 5 d，如果当实况无降水，而集成预报降水量大于等于 5 mm 时，记为一次空报，计算连续 5 d 的空报次数和预报平均绝对误差 m_q，当空报累计次数大于等于预报天数的 1/2 以上时，用集成预报值减去这 5 天的预报平均绝对误差 m_q，平均绝对误差大于集成预报值时，令集成预报无降水。另外，对有无降水的判定上，规定当 2/3 以上集成成员预报有降水时，才建立集成预报方程，否则令该气象站无降水。进行修正后的集成预报结果写为：

$$y_{qt} = a \cdot \left(\sum_{k=1}^{p} w_{qtk} y_{qtk} - \gamma \cdot m_q \right) \qquad (4.3.12)$$

式中 $a=0$ 或 1，是有无降水判定因子：

$$a = \begin{cases} 0 & p_{有降水} / p_{总} < \dfrac{2}{3} \\ 1 & p_{有降水} / p_{总} \geqslant \dfrac{2}{3} \end{cases} \qquad (4.3.13)$$

γ 为消空因子，其值为空报次数与预报总次数的比值。

（2）资料及产品

鉴于动态变权集成法的理论优越性并能充分吸收不同影响天气系统背景下、不同区域的最优预报成员信息。经过多年的科研和预报实践，云南省气象台采用了 TS 动态变权集成法研发精细化定量降水预报产品，并对集成后的结果用以上方法进行修正。根据业务人员对数值模式预报产品和上级指导预报产品的应用经验及检验统计，选取预报效果相对较好的 T639、日本模式产品（Jap）、德国模式产品（Germ）、欧洲中心细网格预报（EC_thin）、中央台指导预报（SCMOC）、省台 MOS 客观预报产品（MOS-JXH）、云南省气象科学研究所本地化 WRF 中尺度模式产品（WRF）等降水预报信息为基础，开展云南省精细化定量降水预报技术方法研究。为保障预报业务运行，每天对以上资料进行实时存储，资料详细说明见表 4.3.1。

表 4.3.1 中所有降水预报产品都是每天两次起报，分别为 08 时和 20 时。大多数模式产品都具备 0～168 h 预报时效、6 h 时间分辨率的预报产品，总体能满足中短期定量降水预报需求。考虑到地质灾害 12 h 或 24 h 预报时效内有逐小时滚动发布

表 4.3.1　降水预报产品资料说明

产品名称	范围	格式	空间分辨率	时间分辨率(h)	预报时效(h)
T639	5N~65°N, 60°E~150°E	格点	1°×1°	3,6,12,24	240
日本(Jap)	−20°N~60°N, 60°E~200°E	格点	1.25°×1.25°	6,12,24	168
德国(Germ)	0°~90°N, 90°E~180°E	格点	1.5°×1.5°	6,12,24	168
EC_thin	16°N~34°N, 90°E~113°E	格点	0.25°×0.25°	3,6,12,24	240
SCMOC	云南范围	站点	125 个县站	3,6,12,24	168
MOS-jxh	云南范围	站点	125 个县站	3,6,12,24	168
省台主观	云南范围	站点	125 个县站	12,24	168
WRF	云南范围	格点 站点	0.03°×0.03° 125 个县站	1,3,6,12,24	72

的需求,因此,引入具有较高时、空分辨率的 WRF 降水模式产品用于短时效内逐小时降水量预报的主要集成依据。按照 TS 动态变权集成法技术原理,研发了一套涵盖中短期预报时效的精细化定量降水客观预报产品(简称:集成产品),该产品空间分辨率:3.0×3.0 km;预报时效:0~168 h,0~24 h 内时间分辨率:1 h、3 h、6 h、12 h、24 h;24~168 h 时间分辨率:12 h、24 h。为暴雨诱发中小河流洪水、山洪地质灾害气象风险预警业务运行提供基础数据支撑。同时该产品实时向国家局公共气象服务中心和州(市)气象局发布。

4.3.2　精细化定量降水集成预报检验方法

为了全面评估该产品预报性能,云南省气象台持续对精细化定量降水集成预报产品进行定量检验、重大天气过程典型分析,并将其与业务中其他客观产品进行对比分析和评估。

检验方法主要依据中气发〔2005〕109 号文件《中短期天气预报质量检验办法》,针对站点降水进行晴雨预报和累加降水量级检验,检验时段分年度检验和季度检验(四个季度)。检验项目有平均误差、平均绝对误差、降水 TS 评分、晴雨预报、预报准确率、空报率、漏报率等。检验时不同累计时段降水等级划分见表 4.3.2,累加降水量级主要参考 24 h 累计降水量等级划分,具体为:≥0.1 mm、≥10.0 mm、≥25.0 mm、≥50.0 mm 四个量级。晴雨(雪)预报:对有降水、无降水两种类别进行检验。

表 4.3.2 降水等级划分表

等级	12 h 降水量(mm)	24 h 降水量(mm)
小雨	0.1~4.9	0.1~9.9
中雨	5.0~14.9	10.0~24.9
大雨	15.0~29.9	25.0~49.9
暴雨	30.0~69.9	50.0~99.9
大暴雨	70.0~139.9	100.0~249.9
特大暴雨	≥140.0	≥250.0

具体检验项目如下：

① 平均误差：
$$MA = \frac{1}{N} \sum (A_{fi} - A_{ai}) \tag{4.3.14}$$

② 平均绝对误差：
$$MAE = \frac{1}{N} \sum |A_{fi} - A_{ai}| \tag{4.3.15}$$

式(4.3.14)、(4.3.15)中：设预报要素 A 的预报值为 A_f，相应的实况值（或分析值）为 A_a，i 和 N 为检验区域内的站点序号（或样本序号）和总站点数（或样本数）。

③ TS 评分：
$$TS_k = \frac{NA_k}{NA_k + NB_k + NC_k} \times 100\% \tag{4.3.16}$$

技巧评分：
$$SS_k = TS_k - TS'_k \tag{4.3.17}$$

漏报率：
$$PO_k = \frac{NC_k}{NA_k + NC_k} \times 100\% \tag{4.3.18}$$

空报率：
$$FAR_k = \frac{NB_k}{NA_k + NB_k} \times 100\% \tag{4.3.19}$$

式(4.3.16)至(4.3.19)中：NA_k 为预报正确站（次）数、NB_k 为空报站（次）数、NC_k 为漏报站（次）数。对累加降水量级检验，k 取 1、2、3、4，分别代表≥0.1 mm，≥10.0 mm，≥25.0 mm，≥50.0 mm 降水预报。

④ 晴雨（雪）预报

预报正确率：
$$PC = \frac{NA + ND}{NA + NB + NC + ND} \times 100\% \tag{4.3.20}$$

式(4.3.20)中：NA 为有降水预报正确站（次）数，NB 为空报站（次）数、NC 为漏报站（次）数，ND 为无降水预报正确的站（次）数。

4.3.3 2013 年度定量降水预报检验

(1)雨季(5—10 月)预报检验

由晴雨预报准确率检验(图 4.3.1a)评分可以看出，24~168 h 的 7 d 预报中，集成产品的晴雨预报准确率都在 61% 以上，24 h 预报准确率较高，为 67.5%。多种预报产品比较而言，省台主观预报、中央台指导预报（SCMOC）预报效果相对较好。其

中,省台主观预报 24 h 准确率最高为 72.1%。日本降水预报评分相对较低,24~
168 h 准确率都在 60% 以下。

从小雨量级降水预报 TS 评分(图 4.3.1b)可以看出,省台主观预报效果相对较
好,24 h 预报时效的 TS 评分为 65.9%,其次是集成预报和中央台指导预报,24 h 预
报时效的 TS 评分分别为 64.2% 和 63.9%。总体而言,省台主观预报、中央台指导
预报(SCMOC)、客观集成预报和欧洲中心细网格预报(EC_thin)评分相对较高,日
本降水预报评分较差,24~168 h 评分在 54% 左右。

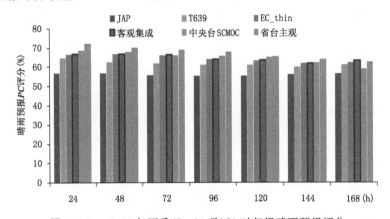

图 4.3.1a 2013 年雨季(5—10 月)20 时起报晴雨预报评分

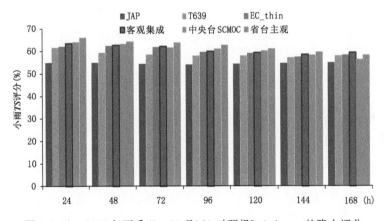

图 4.3.1b 2013 年雨季(5—10 月)20 时预报≥0.1 mm 的降水评分

图 4.3.2 给出了 2013 年雨季(5—10 月)≥10.0 mm、≥25.0 mm 和≥50.0 mm
的累加降水量级预报检验结果。由图可以看出,对三种量级降水预报,根据权重线性
集成方法改进后的集成预报效果最好,而且 24~168 h 的预报效果优势明显。三种
量级降水预报 24 h 预报时效的 TS 评分分别为 32.1%、17.2%、9.4%;48 h 预报时
效分别为:29.4%、16.8%、8.3%;72 h 预报时效分别为:27.2%、12.4%、6.5%。总

体而言,集成预报产品的预报质量最优,欧洲中心细网格产品预报质量次之,T639 和日本降水预报效果相对较差。

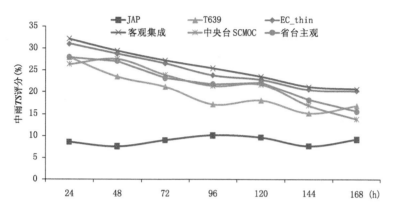

图 4.3.2a　2013 年雨季(5—10 月)20 时起报≥10 mm 降水 TS 评分

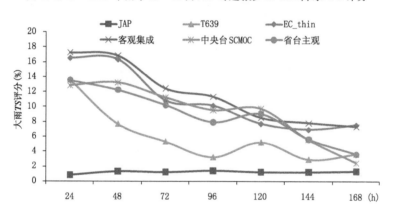

图 4.3.2b　2013 年雨季(5—10 月)20 时起报≥25 mm 降水 TS 评分

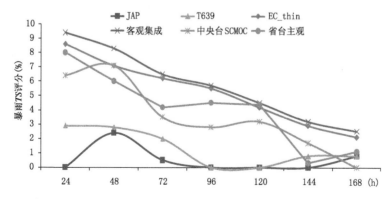

图 4.3.2c　2013 年雨季(5—10 月)20 时起报≥50 mm 降水 TS 评分

（2）全年预报检验

由年度晴雨预报准确率检验结果（图 4.3.3a）可以看出，24～168 h 的 7 d 预报中，集成预报晴雨预报评分都在 66％以上，24 h 预报评分最高为 72.2％，48 h 评分为 70.2％，72 h 为 69.7％。多种预报产品比较而言，省台主观预报和中央台指导预报（SCMOC）评分相对较高，24～168 h 的晴雨预报评分几乎都在 70％以上。其中，省台主观订正预报 24 h 预报评分最高为 78.6％。

从小雨预报 TS 评分（图 4.3.3b）可以看出，24～72 h 省台主观预报评分最高，其次是集成预报，而对于 96～168 h 的预报，集成预报的评分最高。总体而言，客观集成预报、省台主观预报、中央台指导预报（SCMOC）和欧洲中心细网格预报（EC_thin）评分相对较高，其 24 h 预报评分都在 56％左右，日本降水预报评分较差，24～168 h 评分在 46％左右。

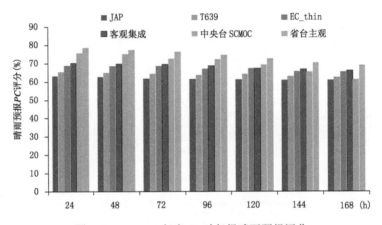

图 4.3.3a　2013 年度 20 时起报晴雨预报评分

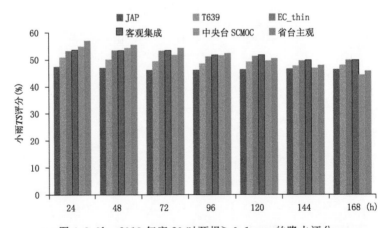

图 4.3.3b　2013 年度 20 时预报≥0.1 mm 的降水评分

　　图 4.3.4 给出了 2013 年度≥10.0 mm、≥25.0 mm 和≥50.0 mm 的累加降水量级预报检验结果,由图可以看出:对于集成预报,三种量级降水预报 24 h 预报时效的 TS 评分分别为:29.5%、16.4%、8.56%;48 h 预报评分分别为:27.3%、15.5%、7.2%;72 h 预报评分分别为:25.6%、10.7%、6.6%。比较而言,集成预报和欧洲中心细网格降水预报效果相对较好,集成预报对暴雨及以上量级预报效果较欧洲中心

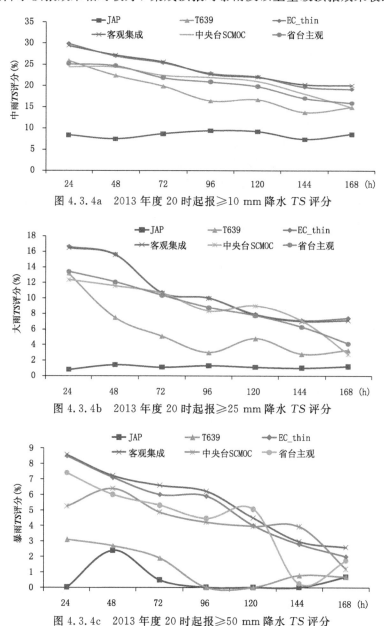

图 4.3.4a　2013 年度 20 时起报≥10 mm 降水 TS 评分

图 4.3.4b　2013 年度 20 时起报≥25 mm 降水 TS 评分

图 4.3.4c　2013 年度 20 时起报≥50 mm 降水 TS 评分

效果还略好。T639 和日本降水预报效果较差,日本预报效果最差。

以上检验分析表明,采用权重线性集成预报方法,将预报效果相对较好的欧洲中心细网格产品和中央台指导预报产品作为主要成员进行降水集成,其预报效果较单一数值预报产品预报效果好,特别是主汛期期间,对中雨、大雨和暴雨及以上量级降水预报效果优势明显。但晴雨预报和小雨预报效果优势不明显,这可能与欧洲中心细网格产品和中央台指导总体预报范围偏大,小雨空报率偏高有关,有待今后从消空或误差订正等方面做更深入和细致的分析研究。总体而言,集成预报总体具有较高的准确率,可以保障其产品的可用性,为地质灾害气象风险预警提供坚实基础支撑。

(3)重要天气个例预报检验

① 5 月 22—23 日汛期首场大雨过程

云南干湿季节分明,汛期首场全省性大雨天气过程是干季向雨季转换的重要标志。由于干季干燥少雨,山区土质疏松,一旦发生强降水过程,极易诱发山洪、滑坡泥石流等自然灾害。另外,汛期首场全省性大雨天气过程的到来也意味着烤烟、玉米等作物将迎来旺长期,依靠自然灌溉的水稻等作物开始准备移栽。因此,云南汛期首场大雨过程一直受到政府及相关部门的关注,也是气象行业历年的服务重点之一。因此,预报员对每年的首场强降水过程预报都紧密跟踪。

2013 年 5 月 22 日受 500 hPa 高空槽后西北气流和 700 hPa 东西向切变线影响,云南发生了大范围强降水天气,并伴有雷电、冰雹和短时强降水等强对流天气。过程发生之前,集成降水预报提前 7 d 预报了此次过程(但降水量级总体偏小),由于其他数值模式降水预报分歧较大,为本次过程的预报带来了很大困难。根据前期检验的结果及持续跟踪预报发现,集成降水预报的中雨及以上量级落区相对稳定,且降水强度随着时效的临近有逐渐加强趋势。预报员最终参考集成预报结果,提前 3 d 发布 5月 22—23 日的大雨天气消息,正确预报 2013 年的首场大雨,在此次强降水过程预报中,集成降水预报发挥了重要作用(图 4.3.5)。

② 8 月 4 日西行台风"飞燕"强降水过程

8 月是热带西太平洋台风低压西行影响云南的主要时期,因影响台风路径的因素很多,因此台风路径的预报相对较难,从而使得台风降水落区预报难上加难,有时甚至出现预报与实况完全相反的情况。2013 年 8 月有三次西行台风造成了云南较强降水过程,3 次过程各数值模式预报都出现了较大分歧,而集成预报仍表现了相对稳定的强降水趋势预报,在三次强降水过程预报中表现较好。以下以对第 9 号台风"飞燕"强降水过程的预报为例做分析检验。

从降水实况可以看出,8 月 3 日 20 时—4 日 20 时,受第 9 号强热带风暴"飞燕"影响,云南南部地区出现了强降水天气过程,降水大雨以上(大于 25 mm)的出现 38站,其中暴雨(大于 50 mm)有 13 站,滇西南的镇康县出现 113.4 mm 的大暴雨。滇西北和滇东北降水相对较小,以小雨为主(图 4.3.6a)。检验集成预报对此次强降水

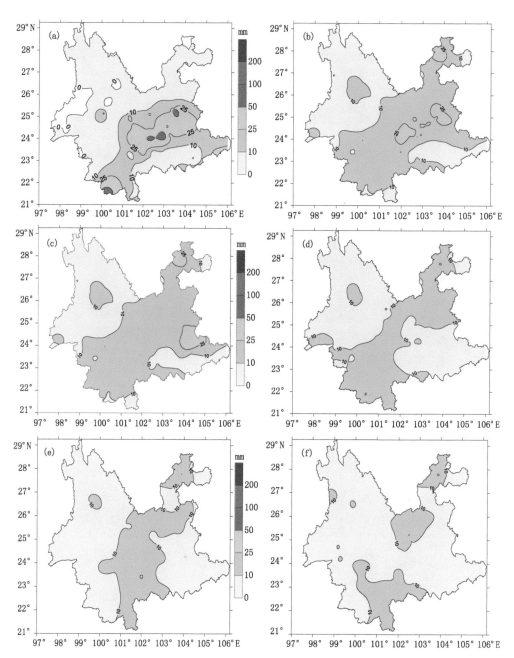

图 4.3.5　2013 年 5 月 23 日降水实况及提前 5 d 的预报情况

(a)实况；(b)24 h 预报(提前 1 天)；(c)48 h 预报(提前 2 d)；(d)72 h 预报(提前 3 d)；

(e)96 h 预报(提前 4 d)；(f)120 h 预报(提前 5 d)

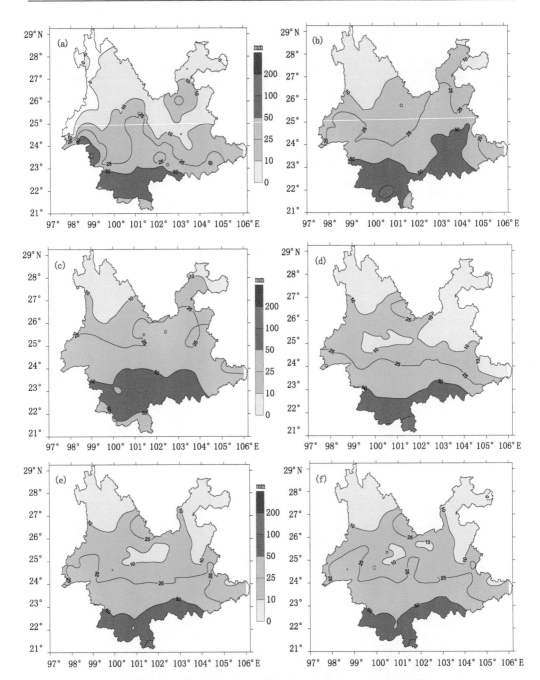

图 4.3.6　2013 年 8 月 4 日降水实况及提前 5 d 的预报情况

(a)实况;(b)24 h 预报(提前 1 d);(c)48 h 预报(提前 2 d);(d)72 h 预报(提前 3 d);
(e)96 h 预报(提前 4 d);(f)120 h 预报(提前 5 d)

过程的落区预报可见,集成预报提前 5 d(120 h 预报)就正确预报出云南将出现一次大到暴雨过程,且暴雨落区主要集中在南部,滇西北和滇东北地区降水相对较弱,以小雨为主(图 4.3.6b—图 4.3.6f)。随着预报时效的临近,集成预报连续预报云南南部有大到暴雨,降水过程的趋势预报相对稳定,大雨、暴雨量级的降水落区与实况基本一致。

表 4.3.3 为集成预报对 8 月 4 日强降水过程不同降水量级预报检验的 TS 评分。分析定量评分结果可以看出,24～168 h 的晴雨预报和小雨及以上量级降水的预报准确率较高,为 94.4%,中雨及以上量级降水预报评分在 60% 以上,24 h 预报评分最高为 69.4%。大雨及以上量级预报评分达 40% 以上,最高达到 49.1%。暴雨及以上量级预报评分均在 20% 以上,最高达到 38.9%。定量检验结果也同样反映出集成预报对本次西行台风强降水过程预报效果较好。过程发生前 7 d 就能很好地预报降水过程的强度和范围,而且预报性能稳定。这种相对稳定的客观预报产品为预报员准确把握此次降水过程的时段、落区、强度提供了精细的指导作用,为此次过程的优质服务奠定良好基础。

表 4.3.3　集成预报对 2013 年 8 月 4 日降水预报 TS 评分　　　　　　单位:%

预报时效(h)	晴雨	≥0.1 mm	≥10 mm	≥25 mm	≥50 mm
24	94.4	94.4	69.4	40.5	24.1
48	94.4	94.4	67.6	42.2	30.8
72	94.4	94.4	63.8	49.1	38.9
96	94.4	94.4	67.7	47.4	38.9
120	94.4	94.4	68.2	46.8	37.8
144	94.4	94.4	66.3	46.5	37.2
168	94.4	94.4	65.5	45.3	36.8

③ 12 月 13—14 日冬季强降水过程

云南自 11 月开始进入干季,降水量明显减少,11 月—次年 4 月降水量只占全年的 5%～15%。但在 2013 年 12 月 13—14 日,受南支槽与北方南下冷空气共同影响,云南却出现了冬季异常强降水过程。图 4.3.7a 给出了 2013 年 12 月 13 日 20 时—14 日 20 时降水实况分布图。从图上可以看出,强降水主要集中在滇南及东南地区,大雨及以上量级出现 44 站次,其中暴雨出现 24 站次。勐腊县出现大暴雨,降水量为 148 mm。此次过程是 2013 年度暴雨站数最多的一次强降水过程,同时也是1961 年以来冬季最极端的一次暴雨过程。

分析集成预报对本次强降水过程 24～120 h 的预报结果(图 4.3.7b—图4.3.7f)可以看出:滇东南降水相对较强的趋势预报正确,但强降水的范围和强度预报较弱,特别是暴雨以上强降水预报较差。相对而言,24 h 预报效果较好,但过程预报强度和范围仍然较小。

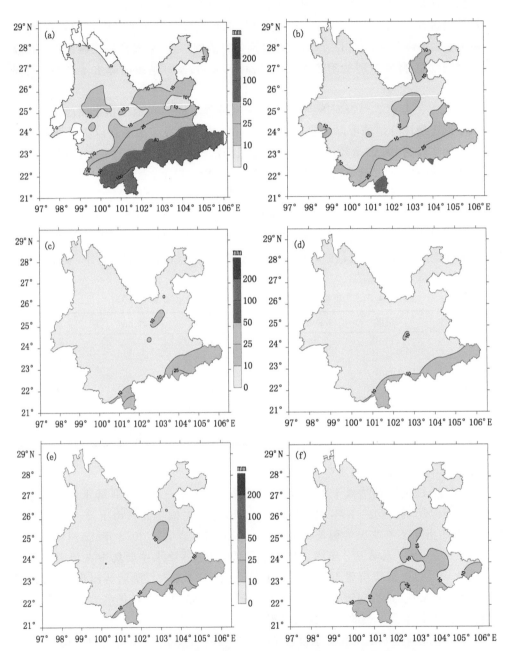

图 4.3.7　2013 年 12 月 14 日降水实况及提前 5 d 的预报情况

(a)实况；(b)24 h 预报(提前 1 d)；(c)48 h 预报(提前 2 d)；(d)72 h 预报(提前 3 d)；

(e)96 h 预报(提前 4 d)；(f)120 h 预报(提前 5 d)

从集成预报对 2013 年 12 月 14 日降水预报 TS 评分结果(表 4.3.4)来看,本次过程对有无降水预报准确率达 95.2%,但对大雨、暴雨及以上量级降水预报准确率总体较低。随着预报时效的临近,中雨及以上量级的预报准确率有明显增加趋势。24 h 预报时效大雨以上量级预报准确率达到 30.1%,暴雨以上量级预报准确率达到 8.3%。但对于如此极端的降水过程,大雨、暴雨落区仍然明显偏小。由此可见,集成预报产品对于此次冬季极端强降水过程有一定的趋势指导意义,但对于大雨、暴雨强降水落区的精细化指导作用明显不足。这与各种数值预报模式对云南冬季小雨量级降水空报率偏高,而对较大量级降水预报强度偏弱有一定的关联。

表 4.3.4　集成预报对 2013 年 12 月 14 日降水预报 TS 评分　　　　单位:%

预报时效(h)	晴雨	≥0.1 mm	≥10 mm	≥25 mm	≥50 mm
24	95.2	95.2	50.0	30.1	8.3
48	95.2	95.2	45.1	13.3	0.0
72	95.2	95.2	50.6	0.0	0.0
96	95.2	95.2	51.3	13.3	0.0
120	95.2	95.2	53.3	6.8	0.0
144	95.2	95.2	27.8	6.8	0.0
168	95.2	84.8	0.0	0.0	0.0

4.3.4　2014 年度定量降水预报检验

(1)雨季(5—10 月)预报检验

由晴雨预报准确率检验评分结果(图 4.3.8a)可以看出,24~168 h 的 7 d 预报中,集成产品的晴雨预报准确率都在 64% 以上,24 h 预报准确率较高,为 68.5%。多种预报产品比较而言,省台主观预报、中央台指导预报(SCMOC)预报效果相对较好。其中,省台主观预报 24 h 准确率最高达到 74.6%。集成预报仅次于中央台指导预报,处于中上水平。日本降水评分相对较低,24~168 h 准确率都在 61% 以下。

从小雨预报 TS 评分结果(图 4.3.8b)可以看出,省台主观预报效果相对较好,24 h 预报时效的 TS 评分为 69.1%;其次是集成预报和中央台指导预报,24 h 预报时效的 TS 评分分别为 65.6% 和 65.5%。总体而言,省台主观预报、中央台指导预报(SCMOC)、客观集成预报和欧洲中心细网格预报(EC_thin)评分相对较高。日本降水预报评分较差,24~168 h 预报评分在 57% 左右。

图 4.3.9 给出了 2014 年雨季(5—10 月)≥10.0 mm、≥25.0 mm 和 ≥50.0 mm 的累加降水量级预报检验结果。对比分析可以看出,对中雨和大雨量级的预报,欧洲中心细网格预报效果较好,其次是客观集成预报。而暴雨以上量级的预报效果各家

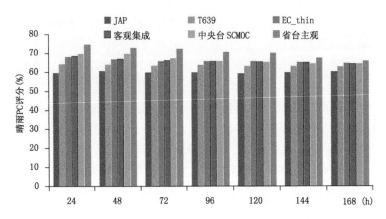

图 4.3.8a　2014 年雨季(5—10 月)20 时起报晴雨预报评分

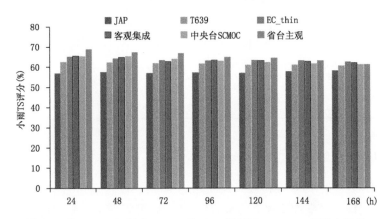

图 4.3.8b　2014 年雨季(5—10 月)20 时预报≥0.1 mm 的降水评分

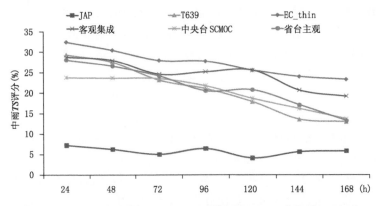

图 4.3.9a　2014 年雨季(5—10 月)20 时起报≥10 mm 降水 TS 评分

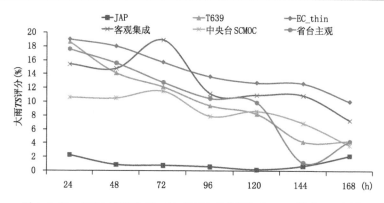

图 4.3.9b　2014 年雨季(5—10 月)20 时起报≥25 mm 降水 TS 评分

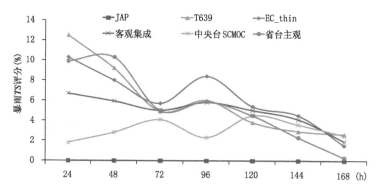

图 4.3.9c　2014 年雨季(5—10 月)20 时起报≥50 mm 降水 TS 评分

模式在不同时效差异较大,T639 模式在 24 h、48 h 预报时段预报效果较好,其次是省台主观预报和欧洲中心细网格。而客观集成预报在中期时效的预报效果相对较好,仅次于效果最好的欧洲中心细网格。中央台指导预报和日本降水预报效果相对较差。客观集成预报对这三种量级降水具有相对较好的预报能力,24 h 预报时效的 TS 评分分别为 28.8%、15.4%、6.7%;48 h 预报评分分别为:28.0%、14.8%、5.9%;72 h 预报评分分别为:24.6%、18.9%、5.0%。总体而言,客观集成预报对较强降水有稳定的预报能力,能保证预报质量处于各类数值预报成员的中上水平。

(2)全年预报检验

由晴雨预报准确率检验结果(图 4.3.10a)可以看出,24~168 h 的 7 d 预报中,集成预报晴雨预报评分都在 62%以上,预报评分相对稳定,24 h 为 65.4%,48 h 评分为 64.7%,72 h 为 63.7%。多种预报产品比较而言,省台主观预报和中央台指导预报(SCMOC)评分相对较高,24~168 h 的晴雨预报评分几乎都在 63%以上。其中,省台主观订正预报 24 h 预报评分最高,为 74.8%。

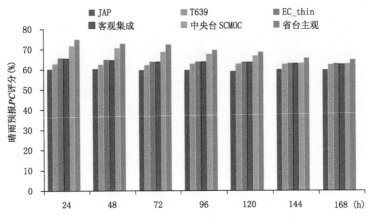

图 4.3.10a　2014 年度 20 时起报晴雨预报评分

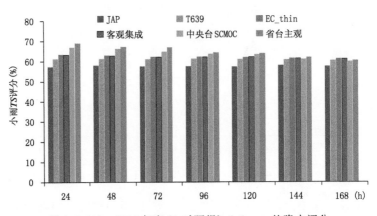

图 4.3.10b　2014 年度 20 时预报≥0.1 mm 的降水评分

　　从小雨预报 TS 评分结果(图 4.3.10b)可以看出,24~168 h 省台主观预报评分最高,其次是中央台指导预报,集成预报次之。总体而言,客观集成预报、省台主观预报、中央台指导预报(SCMOC)和欧洲中心细网格预报(EC_thin)评分相对较高,其24 h 预报评分都在 60%以上,具有较好的可用性。日本降水预报评分较差,24~168 h 评分在 57%左右。

　　图 4.3.11 给出了 2014 年度≥10.0 mm、≥25.0 mm 和≥50.0 mm 的累加降水量级预报检验结果。通过对比分析可以看出:对于集成预报,三种量级降水预报24 h 预报时效的 TS 评分分别为 33.3%,18.9%,10.4% ,48 h 预报时效分别为:31.3%,17.9%,8.1% ,72 h 预报时效分别为:28.6%,15.6%,5.7% 。综合来看,对于中雨、大雨以上量级降水预报集成预报和欧洲中心细网格预报效果相对较好,而对于暴雨量级的降水预报,各家模式在不同时效预报效果差异较明显,总体上中央台指导预报效果较好,其次是集成预报和欧洲中心细网格预报。总体而言,采用动态变权集成

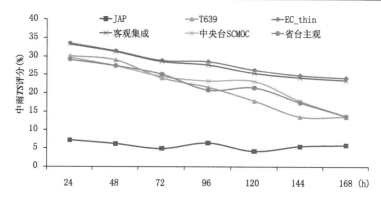

图 4.3.11a　2014 年度 20 时起报≥10 mm 降水 TS 评分

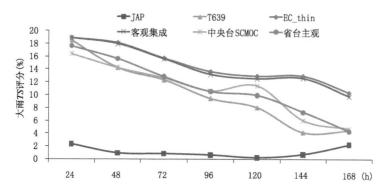

图 4.3.11b　2014 年度 20 时起报≥25 mm 降水 TS 评分

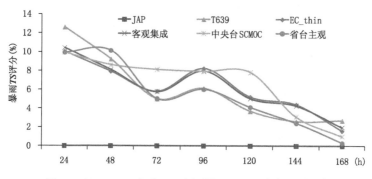

图 4.3.11c　2014 年度 20 时起报≥50 mm 降水 TS 评分

预报方法后,客观定量降水预报效果较单一数值预报产品预报效果好,对中雨及以上量级、大雨及以上量级预报效果表现较好,但对暴雨预报效果优势不明显,这可能与云南暴雨发生的突发性、局地性等特点,及本身预报难度较大有关。

（3）重要天气个例预报检验

① 6 月 5—6 日雨季首场大雨过程

2014 年 6 月 5—6 日云南迎来了入汛以来的首场大雨天气过程,在此之前,省台预报员密切跟踪本次过程的天气系统变化,并对各种数值模式降水预报产品进行对比跟踪。实况检验发现,客观集成预报稳定地预报了本次强降水的发生趋势,虽然在强降水落区及量级精细化方面存在一定的差距,但总体较其他预报产品稳定,可用性较好。参考该产品预报并考虑当时正处于干季向雨季转换关键时期,省台提前 3 天发布大雨天气消息,正确预报 2014 年度雨季首场大雨过程。

由降水实况分布可以看出(图 4.3.12a),6 月 5 日 20 时—6 日 20 时,云南出现了一次大雨降水过程,强降水主要集中在滇中及滇南边缘地区,全省县级台站中共出现暴雨 7 站,大雨 15 站。从影响系统分析,此次强降水过程属对流性天气,强降水范围相对偏小,预报难度大。从各家数值模式预报产品检验结果看,各家数值预报都没有准确预报此次强降水过程的落区和时段。但从降水强度趋势预报上看,集成预报产品仍然提前 5 天就预报出有一次中到大雨局部暴雨的强降水过程趋势,为预报员提供了较好的指导性。从连续 5 d 的预报跟踪可以看出(图 4.3.12b、c、d、e、f),随着时间的临近,集成预报的强降水落区逐渐缩小并接近实况。6 月 6 日 20 时—7 日 20时,云南连续出现全省性强降水过程,强降水范围和强度进一步增大,定量降水预报仍然对其有较好的预报效果(图略)。

② 9 月 18 日西行台风"海鸥"强降水过程

9 月 16 日 20 时至 18 日 20 时,受第 15 号台风"海鸥"登陆后减弱的热带低压影响,滇中及以东以南地区出现暴雨天气过程,其他大部地区出现小到中雨局部大雨。其中,降水最强时段出现在 9 月 17 日 20 时至 18 日 20 时。全省县级台站共计出现大暴雨 1 站(麻栗坡 119.9 mm)、暴雨 18 站、大雨 42 站,大雨以上站点主要分布在昭通、曲靖、昆明、玉溪东部、文山、红河一带(图 4.3.13a)。此次强降水过程造成 3 人死亡(2 人因房屋倒塌、1 人被水冲走),1 人失踪(被水冲走),紧急转移安置 2922 人;农作物受灾面积 17434.12 hm²,绝收面积 2822.76 hm²,倒塌房屋 114 户 203 间,严重损坏房屋 177 户 513 间,直接经济损失 2000 多万元。

分析客观集成预报提前 5 d 的降水预报图(图 4.3.13b、c、d、e、f)可以看出,由于"海鸥"登陆后迅速减弱,移动路径不稳定,前期客观集成预报对大雨以上降水的落区主要预报在滇中以南区域。随着预报时效的临近,强降水的落区逐渐向云南东部、东南部调整,降水强度不断增强。暴雨落区在 48 h 内已经和实况非常接近。基于客观集成预报强度和落区的调整趋势,云南省气象台及时发布了订正预报和暴雨预警,为避免这次强降水过程造成更大的人员伤亡和经济损失提供了很好的指导作用。

为了定量地评价客观集成预报产品在此次西行台风影响过程中的预报性能,表4.3.5 给出了不同预报时效对 9 月 17 日 20 时至 18 日 20 时累计降水的 TS 评分情况。分析可见看出,集成预报在过程开始前 5~7 d 时,能预报出有一次中到大雨过程,对暴雨量级的降水预报偏小,可参考性较差。在 4 d 以内,对各个量级降水预报

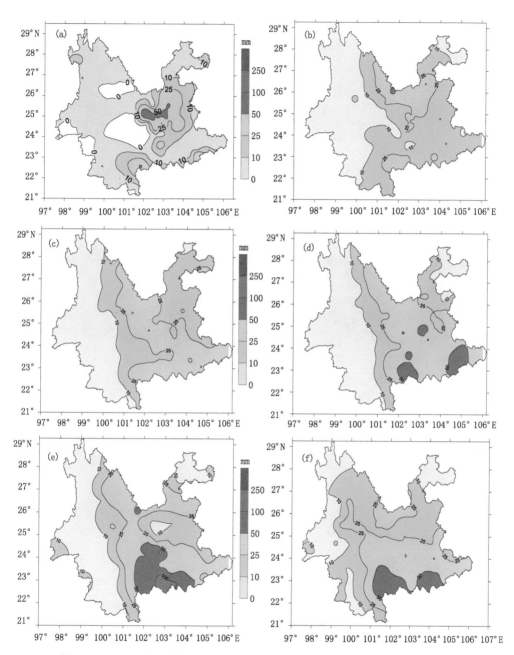

图 4.3.12　2014 年 6 月 5 日 20 时—6 日 20 时降水实况及提前 5 d 的预报情况
(a)实况；(b)24 h 预报(提前 1 d)；(c)48 h 预报(提前 2 d)；(d)72 h 预报(提前 3 d)；
(e)96 h 预报(提前 4 d)；(f)120 h 预报(提前 5 d)

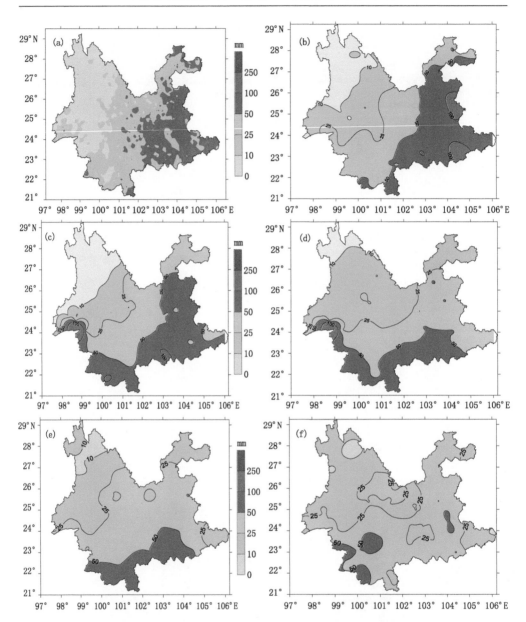

图 4.3.13 "海鸥"过程 9 月 17 日 20 时—18 日 20 时降水实况及提前 5 d 的预报情况

((a)实况;(b)24 h 预报(提前 1 d);(c)48 h 预报(提前 2 d);(d)72 h 预报(提前 3 d);

(e)96 h 预报(提前 4 d);(f)120 h 预报(提前 5 d)

都有很高的准确率,中雨预报准确率普遍在 50% 以上,大雨预报准确率可达 40% 左右,暴雨预报准确率普遍在 10% 以上。随着预报时效的临近,预报准确率不断提高,24 h 中雨以上、大雨以上和暴雨以上量级评分分别为 58.3%、51.7% 和 20.8%。从定量评定结果看,客观集成预报在此次强降水过程预报中表现了较好的预报性能,在业务服务及地质灾害风险预警中具有很好的应用价值。

表 4.3.5　集成预报对 9 月 18 日降水预报 *TS* 评分　　　　　　　　单位:%

预报时效(h)	晴雨	≥0.1 mm	≥10 mm	≥25 mm	≥50 mm
24	100.0	100.0	58.3	51.7	20.8
48	100.0	100.0	56.3	44.3	10.7
72	100.0	100.0	57.9	30.0	19.2
96	100.0	100.0	51.6	40.3	8.3
120	100.0	100.0	46.7	42.6	12.9
144	100.0	100.0	52.4	31.5	0.0
168	100.0	100.0	20.5	7.0	0.0

4.3.5　2015 年度定量降水预报检验

(1)雨季(5—10 月)预报检验

从晴雨预报准确率检验评分结果(图 4.3.14a)可以看出,24～168 h 预报时效内,集成预报准确率均在 61% 以上,24 h 预报准确率较高,为 69.1%。比较而言,省台主观预报、中央台指导预报(SCMOC)预报效果相对较好,其次是集成预报。其中,省台主观预报 24 h 准确率最高为 74.7%。日本降水评分相对较低,24～168 h 准确率在 60% 以下。

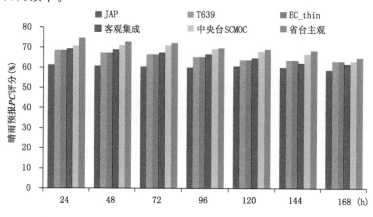

图 4.3.14a　2015 年雨季(5—10 月)20 时起报晴雨预报评分

从小雨预报 *TS* 评分(图 4.3.14b)可以看出,24～168 h 预报时效内,集成预报准确率在 56% 以上。24 h 预报准确率较高,为 63.9%。比较而言,省台主观预报、中央台指导预报(SCMOC)预报效果相对较好,其次是集成预报和欧洲中心细网格预

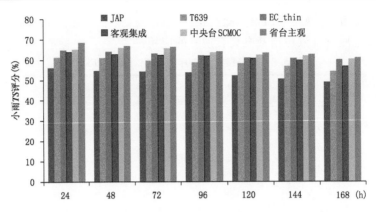

图 4.3.14b　2015 年雨季(5—10 月)20 时预报≥0.1 mm 的降水评分

报(EC_thin)。其中,省台主观预报 24 h 准确率最高,为 68.4%。日本降水评分相对
较低,24~168 h 准确率均在 56%以下。

　　图 4.3.15 给出了 2015 年雨季(5—10 月)≥10.0 mm、≥25.0 mm 和≥50.0 mm
的累加降水量级预报检验结果。对比分析可以看出,客观集成预报较其他预报产品
表现出优良的预报效果。24 h 预报时效内,≥10.0 mm、≥25.0 mm 和≥50.0 mm
的预报 TS 评分分别为 37.9%、24.2%、9.7% ;48 h 预报时效分别为:35.6%、
20.1%、7.9% ;72 h 预报时效分别为:31.5%、18.9%、6.8%。随着预报时效延长,
预报评分呈逐渐下降趋势。比较而言,客观集成预报与欧洲中心细网格预报评分接
近,并略好于欧洲中心细网格预报,其预报质量为各类数值预报成员中的最好水平。
省台主观预报和中央台指导预报评分接近,其整体评分仅次于客观集成预报与欧洲
中心细网格预报评分。日本降水预报在≥10.0 mm、≥25.0 mm 和≥50.0 mm 各个
量级的评分均为最低,预报质量最差。

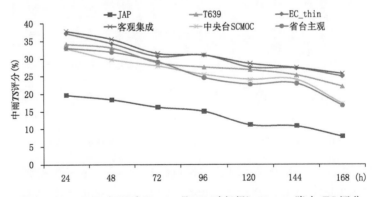

图 4.3.15a　2015 年雨季(5—10 月)20 时起报≥10 mm 降水 TS 评分

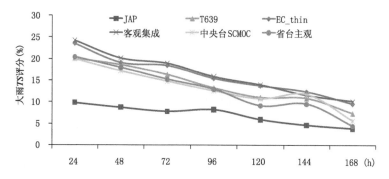

图 4.3.15b　2015 年雨季(5—10 月)20 时起报≥25 mm 降水 TS 评分

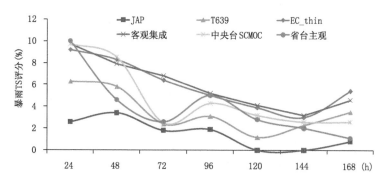

图 4.3.15c　2015 年雨季(5—10 月)20 时起报≥50 mm 降水 TS 评分

(2)全年预报检验

从年度晴雨预报准确率(图 4.3.16a)可见,24～168 h 预报时效内,集成预报准确率均在 65% 以上。24 h 预报准确率最高,为 72.1%。多种预报产品比较而言,省台主观预报、中央台指导预报(SCMOC)预报效果相对较好,其次是集成预报。其中,

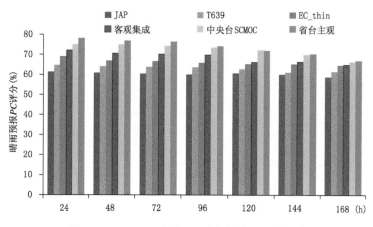

图 4.3.16a　2015 年度 20 时起报晴雨预报评分

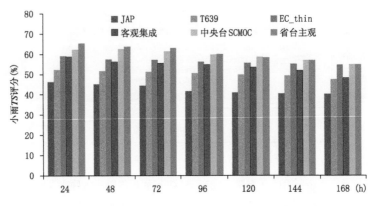

图 4.3.16b　2015 年度 20 时预报≥0.1 mm 的降水评分

省台主观预报 24 h 准确率最高为 78.1%。日本降水评分相对较低,24~168 h 准确率均在 61% 以下。

　　从小雨预报 TS 评分(图 4.3.16b)可见,24~168 h 预报时效内,集成预报准确率普遍在 50% 以上,预报质量相对稳定。24 h 预报准确率较高,为 58.8%。对比分析各种预报产品的评分结果发现,省台主观预报、中央台指导预报(SCMOC)预报效果最好,其次是集成预报和欧洲中心细网格预报,再次是 T639 预报,日本降水预报产品评分最低。

　　图 4.3.17 给出了 2015 年度≥10.0 mm、≥25.0 mm 和≥50.0 mm 的累加降水量级预报检验结果。通过对比分析可以看出:对于集成预报,三种量级降水预报24 h 预报时效的 TS 评分分别为 36.9%,25.4%,11.5% ,48 h 预报时效分别为:35.2%,21.6%,9.0% ,72 h 预报时效分别为:31.4%,19.9%,6.2%。比较而言,客观集成预报与欧洲中心细网格预报评分接近,并略好于欧洲中心细网格预报,其预报质量为各类数值预报成员中的最好水平。

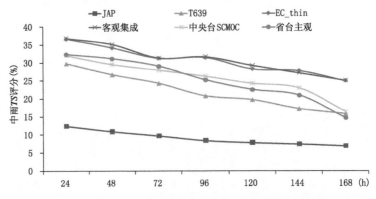

图 4.3.17a　2015 年度 20 时起报≥10 mm 降水 TS 评分

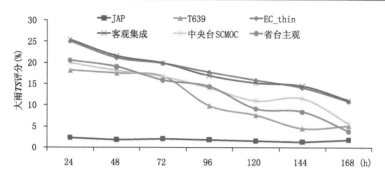

图 4.3.17b　2015 年度 20 时起报 ≥25 mm 降水 *TS* 评分

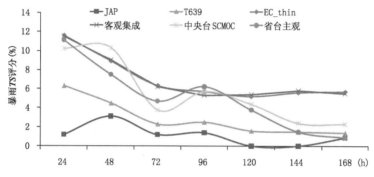

图 4.3.17c　2015 年度 20 时起报 ≥50 mm 降水 *TS* 评分

采用动态变权集成预报方法后,客观定量降水预报效果在 2015 年度明显优于大多数模式数值预报产品,在 ≥10.0 mm、≥25.0 mm 和 ≥50.0 mm 各个量级表现了很好的可用性,为地质灾害风险预警提供了坚实的预报信息保障。

(3)重要天气个例预报检验

① 1 月 8—9 日冬季大范围强降水过程

2015 年 1 月 8—9 日受南支槽和强冷空气影响,云南出现了冬季罕见的暴雨—大暴雨天气过程,在本次强降水过程预报中,客观集成预报产品在众多产品中预报效果最好,其稳定、持续地预报了干季背景下的暴雨—大暴雨天气过程,为此次极端强降水过程的及时服务及防灾部署提供了可靠的决策依据。

由降水实况分布可以看出(图 4.3.18a),本次强降水落区主要分布于滇中及以西以南地区,其中滇中西部和滇西南地区出现了大范围的暴雨—大暴雨天气。全省县级台站中共出现大雨 43 站,暴雨 29 站,大暴雨 7 站,大雨以上站数占全省 125 个县站的 63%。对本次过程,欧洲中期天气预报中心(EC)数值模式的形势场预报比较稳定,提前量为 7 天,但在降水的强度和落区预报上,随着预报时效的变化出现了一定调整和波动,其他数值模式预报产品也表现出同样的特征。从集成预报产品连续5 d 的预报跟踪可以看出(图 4.3.18b、c、d、e、f),集成预报稳定、持续地预报了 1 月 9

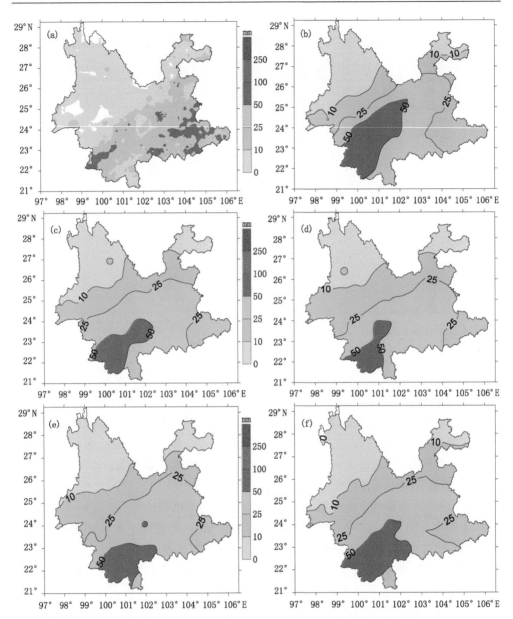

图 4.3.18　2015 年 1 月 8 日 20 时—9 日 20 时降水实况及提前 5 d 的预报情况

(a)实况;(b)24 h 预报(提前 1 d);(c)48 h 预报(提前 2 d);(d)72 h 预报(提前 3 d);

(e)96 h 预报(提前 4 d);(f)120 h 预报(提前 5 d)

日云南省西南部将有一次暴雨天气过程。虽然在 48 h、72 h 预报时效暴雨以上量级降水范围总体偏小,但总体表现了较好的可靠性,而且随着预报时效的临近,暴雨落区与实况更为接近。

从表 4.3.6 可以看出,24～168 h 预报时效内,集成预报对各个降水量级的 TS 评分都较高,特别是大雨以上量级降水 TS 评分普遍在 70%以上,最高达到 82.3%;24 h 暴雨以上量级 TS 评分高达 40.5%。集成预报评分远远超过了单一数值模式预报和主观预报的评分。定量检验结果表明,集成预报产品对于此次罕见的冬季强降水过程具有很好的可用性。

表 4.3.6　集成预报对 1 月 8 日 20 时—9 日 20 时降水预报 TS 评分　　　单位:%

预报时效(h)	晴雨	≥0.1 mm	≥10 mm	≥25 mm	≥50 mm
24	100.0	100.0	87.6	75.9	40.5
48	100.0	100.0	89.5	82.3	16.2
72	100.0	100.0	92.3	73.4	5.4
96	100.0	100.0	89.4	75.3	12.8
120	100.0	100.0	87.7	75.3	20.5
144	100.0	100.0	89.2	73.8	36.1
168	98.4	98.4	72.5	52.4	10.5

② 5 月 20—21 日雨季首场大雨过程

2015 年 5 月 20 日—21 日云南出现了入汛以来的首场大雨天气过程。从实况分析来看,此次过程属于对流性质降水,强降水落区相对分散,局地性特征明显。5 月 20 日 20 时—21 日 20 时,全省县级台站中共出现大雨 22 站,暴雨 10 站,强降水主要集中在滇中以东以南地区(图 4.3.19a)。由于 5 月中下旬正处于云南从干季向雨季的转换时期,环流形势变化快,要准确预报此类降水过程的难度较大,强降水可能出现的落区不好把握。

对于此次过程,各种数值模式在前期的预报很不稳定,差异也较明显,主观预报很难获取关键预报信息,提前做出准确预报,提前发布重要天气消息的风险也较大。尽管如此,在众多降水预报中,集成预报产品还是表现了较好的可用性。从集成预报产品连续 5 d 的预报跟踪可以看出(图 4.3.19b、c、d、e、f),集成预报在 72 h 以前对大雨、暴雨落区预报上有一定偏差,强降水落区主要预报在滇东南且范围明显偏小。随着预报时效的临近,预报此次降雨过程的信号越来越强,48 h 预报了滇东南、滇南有大雨局部暴雨,强降水落区明显扩大并接近实况。因此,集成预报提前两天预报了这次大雨天气过程,为 2015 年度首场大雨天气过程的及时服务提供了可靠支撑。

从集成预报产品对此次降水过程的 TS 评分来看(表 4.3.7),对于大雨以上量级的降水 TS 评分在 120～72 h 预报期间出现波动,TS 评分明显下降。随着预报时效的临近,TS 评分逐渐上升。48 h 和 24 h 的预报评分明显增高,大雨以上量级降水 TS 评分分别为 35.0%和 40.5%,暴雨以上降水量级 TS 评分分别为 27.3%和 18.2%。这样的评分结果,对于强降水落区相对分散的对流性降水过程而言算是较

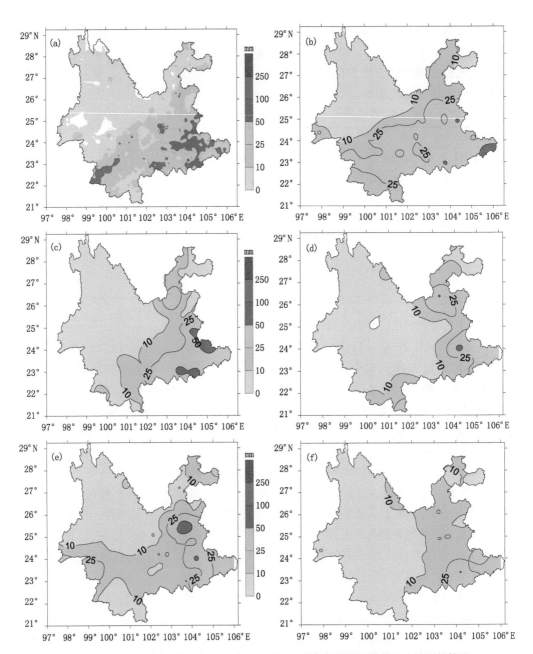

图 4.3.19　2015 年 5 月 20 日 20 时—21 日 20 时降水实况及提前 5 d 的预报情况

(a)实况；(b)24 h 预报(提前 1 d)；(c)48 h 预报(提前 2 d)；(d)72 h 预报(提前 3 d)；

(e)96 h 预报(提前 4 d)；(f)120 h 预报(提前 5 d)

好的水平。定量检验结果表明,集成预报产品对于预报难度较大的对流性降水过程具有一定的可用性。

表 4.3.7　集成预报对 5 月 20 日 20 时—21 日 20 时降水预报 *TS* 评分　　单位:%

预报时效(h)	晴雨	≥0.1 mm	≥10 mm	≥25 mm	≥50 mm
24	84.0	84.0	65.9	40.5	18.2
48	84.0	84.0	56.9	35.0	27.3
72	84.4	84.8	34.8	10.5	9.1
96	84.0	84.0	55.6	25.6	7.7
120	84.0	84.0	52.9	20.0	0.0
144	84.0	84.0	67.1	34.2	0.0
168	84.0	84.0	53.3	34.1	7.7

第5章　区域数值模式改进技术研究

　　为了保障区域数值模式的预报质量,针对云南局地强降水及次生地质灾害突出的特点,在区域数值模式中同化高时空分辨率的本地雷达观测资料是较好的技术方法。本章围绕云南境内雷达径向风、反射率因子观测数据的同化技术开展研究,并进行数值模拟试验及预报效果对比分析,以便寻找到改善区域数值预报质量的有效方法,为地质灾害气象风险预警提供优质的基础保障。

5.1　同化技术及方案

5.1.1　资料及方法

　　云南地处低纬高原,地形复杂多变、资料代表性差,观测资料信息时、空分辨率不足的劣势显得尤为突出。另一方面,由于川滇切变线、西行台风低压等各类系统影响导致的暴雨及次生灾害属于全国重灾区。对降水等要素的精细、定量预报需求与较差的观测信息基础、较低的预报能力形成了巨大的反差。庆幸的是,随着观测业务的现代化,云南已建成7部多普勒雷达并投入业务应用。多普勒雷达观测具有较高时、空分辨率,可以在尺度较小的天气系统分析和暴雨预报方面发挥较大潜能。鉴于目前多普勒天气雷达观测资料的应用研究在云南等西部地区还非常欠缺。因此,多普勒雷达观测产品的定量应用对于观测信息缺乏、局地强降水突出的云南来说具有更加重要的现实意义。

　　由于多普勒雷达观测的基本反射率因子、径向速度与大气中风场、湿度、气压等基本状态量有直接联系。因此,通过同化雷达观测资料改善区域数值模式初始场的研究一直围绕基本反射率因子和径向速度两个要素开展。研究(李华宏 等,2007,2012)表明:通过单多普勒雷达反演的风场资料可以较为精细地监测和分析大气垂直方向上水平风场的不连续性,能够更为详细地揭示低纬高原上强降水天气过程中关键天气系统的主要特征和演变过程。基于上述原因,本章利用WRF模式及其变分同化系统进行雷达反射率因子和VAD(Velocity Azimuth Display)反演风场的同化试验,探索基于多普勒雷达观测资料同化改善云南定量降水预报的技术方法。

　　研究所使用的雷达资料为昆明站(位置:102.58°E;25.05°N;天线海拔高度:

2515 m)、文山站(位置:104.25°E;23.46°N;天线海拔高度:1790 m)、普洱站(位置:101.02°E;22.83°N;天线海拔高度:1926 m)的体积扫描观测资料。每个时次的体积扫描观测资料一般包括 14 个仰角观测。所使用的单多普勒雷达反演风场方法为VAD 方法,其主要原理是:让雷达天线以某一固定仰角作方位扫描,并把探测到的降水粒子在某一距离和方位上的径向速度记录并显示出来。对于均匀流场,当仰角固定不变时雷达测得的某一固定距离上的径向速度分布(即 VAD 曲线)为余弦曲线。当水平风场不均匀时,VAD 曲线不再是余弦曲线形式。由于 VAD 曲线的非简谐振荡形式包含了水平风场的很多信息。通过对 VAD 曲线作简谐波分析,应用傅氏级数的零次、一次和二次谐波展开,可以得到水平风向、风速、水平辐合以及水平风场的形变等信息。

雷达径向速度与降水粒子速度的关系:

$$v_R(\beta) = -v_x\cos\beta\cos\alpha - v_y\sin\beta\cos\alpha + v_f\sin\alpha \qquad (5.1.1)$$

式中:α 为仰角;β 为方位角;v_f 是垂直下落分量;v_x 和 v_y 分别为水平分量 v_h 在 x 和 y 轴上的分量(张培昌等,2001)。

将 $v_R(\beta)$ 按方位角 β 展成傅氏级数,得:

$$v_R(\beta) = \frac{1}{2}a_0 + \sum_{n=1}^{\infty}(a_n\cos n\beta + b_n\sin n\beta) \qquad (5.1.2)$$

经比较变换后得:

水平风速:

$$v_h = \frac{-(a_1^2 + b_1^2)^{\frac{1}{2}}}{\cos\alpha} \qquad (5.1.3)$$

风向:

$$\beta_0 = \frac{\pi}{2} - \operatorname{arctg}\frac{a_1}{b_1} \quad (b_1 < 0) \qquad (5.1.4)$$

$$\beta_0 = \frac{3\pi}{2} - \operatorname{arctg}\frac{a_1}{b_1} \quad (b_1 > 0) \qquad (5.1.5)$$

从上面的公式可以看出,要得到水平风向、风速的关键在于求得傅氏系数 a_1、b_1。a_1、b_1 可以通过测量不同方位角的径向速度计算得到:如果雷达每隔 10 度方位角取一个雷达径向速度观测值 $v_{Ri}(\beta_i)$,则扫描一周后有 36 个值。这样傅氏系数可由下式确定:$a_1 = \frac{1}{18}\sum_{i=1}^{36}v_{Ri}\cos\beta_i$;$b_1 = \frac{1}{18}\sum_{i=1}^{36}v_{Ri}\sin\beta_i$,通过不同仰角的径向速度观测即可计算得到雷达站上空水平风向、风速的垂直分布。

为了保证反演风场的质量,在进行风场反演时通过空间一致性、极值检查等办法对参与计算的径向速度观测值进行质量控制,并利用样本有效观测总数阈值去除观测信息不足层次的反演风。反演时采用多仰角 VAD 技术,水平距离取 30 km,采用自适应仰角取样(即通过程序自动选择与反演高度相交且交点距离雷达中心上空最接近 30 km 的最优仰角、最优库长上的观测值)。反演风场输出时一般垂直方向取22 层,垂直分辨率为 500 m。进行反演资料同化时,则直接输出各等压面高度上的水平风场,等压面一共选取 19 层,分别为:1000 hPa、950 hPa、900 hPa、850 hPa、800 hPa、750 hPa、700 hPa、650 hPa、600 hPa、550 hPa、500 hPa、450 hPa、400 hPa、350 hPa、300 hPa、250 hPa、200 hPa、150 hPa、100 hPa。由于雷达反演风场即为同化系统的基本分析量之一,不需要增加额外的同化算子和模块,只需要将反演风场资料处理成探空资料格式即可进入模式。

对于雷达反射率因子的同化,WRF 三维变分同化系统是通过反射率因子强度与雨水混合比的经验关系并以暖云降水过程为约束来实现。雷达反射率因子的观测算子为:

$$Z = 43.1 + 17.5\lg(\rho q_r) \tag{5.1.6}$$

式中:Z 为反射率因子强度,单位为 dBZ;q_r 为雨水混合比,单位为 g/kg;ρ 为空气密度,单位为 kg/m³。该系统引入雨水混合比作为分析变量,雨水混合比又通过云微物理过程与模式基本物理量建立关系(主要是相对湿度、高度或气压)。进行雷达反射率因子数据同化时,数据选取的水平格距为 0.01°;在 6000 m 高度以下垂直格距为 500 m,6000～12000 m 区间的垂直格距为 1000 m。

5.1.2　数值模式参数设置

数值试验时,使用的区域数值模式为 WRF 3.2.1 版本,区域设置为一重嵌套,区域中心为 25.5°N、103°E,分辨率为 30 km,垂直方向分为 35 层。范围:92.03°～113.78°E,16.19°～34.56°N。模式物理参数化方案等的选取以前期开展的 WRF 模式在云南本地化研究(段旭等,2011)为依据。具体设置如表 5.1.1 所示:

表 5.1.1　模式数值试验基本参数设置

项　目	方　案
区域	嵌套:一重;格距为:30 km; 中心:25.5°N、103°E;格点数分别为:61×61;
垂直层数	35 层;
积云参数化	Kain-Fritsch;
边界层	YSU scheme;
辐射	Dudhia 短波和 RRTM 长波;
地面通量	isfflx＝1;
微物理过程方案	WSM 6-class simple ice scheme

5.1.3　同化试验方案

根据同化间隔和同化持续时间的不同,一共设计了 6 个试验方案(表 5.1.2)。同化试验尝试多个站点、多个时次的雷达资料同化。数值试验时,由 NCEP/GFS 预报资料提供区域模式的背景场和边界条件。所有同化试验均采用相同的动力、物理过程选项和相同的积分步长，只是同化雷达资料的间隔和次数有区别。方案 1 为控制实验，即不同化任何资料，直接以背景场为初始场进行数值积分和预报。方案 2 只同化初始时刻一个时次的雷达反演风场资料，然后进行预报。方案 3～6 为多个时次同化试验，其中方案 3 和方案 4 为每 3 h 同化一次，分别同化 3 h 和 6 h。方案 5 和方案 6 为每 1 h 同化一次，分别同化 3 h 和 6 h。本章的方案设计考虑了 VAD 反演风具有类似探空观测资料的特性，以及所研究过程的影响系统为天气尺度，影响范围较大、持续时间较长等综合因素。由于雷达观测的频次为 6 min 一次，而本章的同化试验间隔时间相对较长，在同化试验时选取同化时刻最近的一次观测资料进入模式。所有同化试验方案均采用相同的资料处理方法。

表 5.1.2　数值试验方案

试验方案	同化频率(单位：h)	同化持续时间(单位：h)
1	无	无
2	同化初始时刻	0
3	3	3
4	3	6
5	1	3
6	1	6

为了更为清楚地描述同化试验设计的内容及对比分析时段的选取，图 5.1.1 给出了数值试验对比分析时效示意图，从图上可以看出：0～6 h 为同化窗口，主要用于初始场对比；6～24 h 主要用于预报场差异对比分析。其中降水预报分析主要使用 6～12 h 和 6～24 h 两个时段。后面的同化试验将通过多组数值模拟结果，对比分析同化雷达反演风场对数值模式初始场、预报场的影响，比较不同同化时间窗口和同化频率的试验差别和优劣。

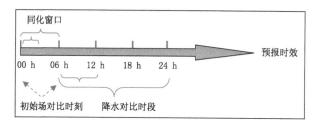

图 5.1.1　数值试验时效分布示意图

5.2　雷达反演风场同化试验

5.2.1　个例天气概况

　　2009 年 6 月 30 日 08 时至 7 月 1 日 08 时,受 500 hPa 低槽和 700 hPa 切变线共同影响,云南中部及以西、以南地区出现了一次强降水过程。县级台站 24 h 小时观测累计降水出现暴雨 12 站、大雨 37 站,主要分布在文山州、红河州、玉溪市、昆明南部、普洱市和西双版纳州一线(图 5.2.1)。降水强度较大、区域分布广,强降水主要位于切变线及其南侧区域,切变线位置与强降水落区有较好的对应关系。对于这次强降水过程,WRF 业务模式及各种客观预报产品对切变线附近降水有一定反映,但降水区域和强度却出现了较大偏差,实况降水的强度和落区远远超出了预报的量级和区域。由于此次降水过程中昆明、文山、普洱雷达覆盖区均出现了较强降水,大部分时间处于切变线附近。特别是昆明站的反演风廓线资料揭示了受切变线影响且切变线后部冷空气逐渐加强等重要信息。因此,尝试通过同化多站次雷达反演风场资料来试验和分析对区域数值模式初始场及预报结果的影响。

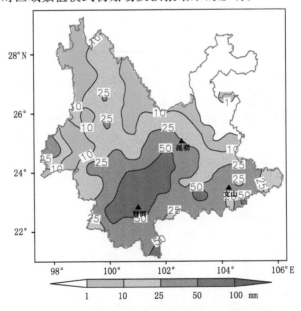

图 5.2.1　2009 年 6 月 30 日 08 时至 7 月 1 日 08 时降水实况

　　从环流形势看,此次降水的主要影响天气系统是 500 hPa 低槽和 700 hPa 切变线,最为关键的影响系统是 700 hPa 切变线。随着切变线在云南境内自东北向西南移动,强降水落区也随之移动。图 5.2.2a 给出了 500 hPa 上 2009 年 6 月 30 日 20

时高度场和风矢量场合成图,5860 gpm 等值线从云南南部经过,西太平洋副热带高压较强并呈带状分布于 20°N 附近,西脊点到达 90°E 附近,云南大部处于副热带高压北边界。云南西南部至贵州一线有一东北-西南向分布的低槽,低槽西北侧有西北气流和东北气流的辐合,低槽及其以南区域有西北气流和西南气流的辐合。低槽的存在有利于引导冷空气南下致使低层冷高压和切变线加强南下,也为中层冷暖气流的辐合提供动力条件。

从 700 hPa 流场(图 5.2.2b)看,云南处于切变线的西端。过程中期,在文山至大理一线有明显的风场切变,来自北方的东北气流与来自孟加拉湾北部的偏西气流在切变线附近辐合。处于西太平洋副热带高压西北侧的西南气流为降水提供稳定的水汽和能量来源,切变线两侧的气流辐合为降水提供动力抬升条件。但是在我国云南与缅甸交界存在一弱脊,滇西南大部为西北气流控制,对云南境内水汽的输送和西南部强降水的出现不利。另外,在强降水发生前,环流形势看切变线两侧高度场基本持平,并无"北高南低"形势。这些因素可能是区域数值模式降水量级预报偏小的原因。

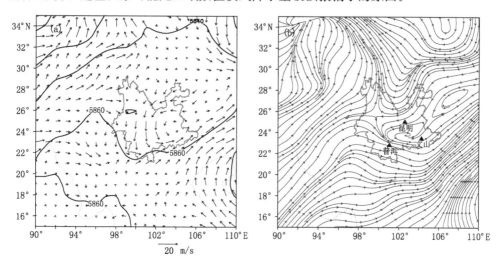

图 5.2.2　2009 年 6 月 30 日 20 时 500 hPa 高度和风矢量(a)和 700 hPa 流场(b)

从降水过程初期的 VAD 风廓线(图 5.2.3)可以看出:昆明站低层 700 hPa 风向由西南风转为偏东风,并逐渐向上扩展,表明昆明站低层有冷空气侵入,经历了一次切变线过境的过程。从中层至高层是一致的西北气流,深厚的西北气流源源不断地向南输送冷空气,有利于低层冷高压的发展,从而使切变线加强南下。文山站和普洱站则处于切变线南侧,低层为西偏南气流,随着时间推移偏南分量有增加的趋势;中层分别为西南和西北气流;高层为偏北或东北气流;两个站的水平风向均存在一定垂直切变,有利于低层的暖平流和水汽的输送。由于昆明站、文山站和普洱站在此次降水过程中分别处于主要影响系统切变线的南、北侧,而且雷达站观测范围内都出现了强降水,是这次降水过程的关键参考站。因此,数值试验时将图 5.2.3 所示的昆明站、文山站和普洱站 VAD 风场资料按照表 5.1.2 中的试验方案进行同化试验对比分析。

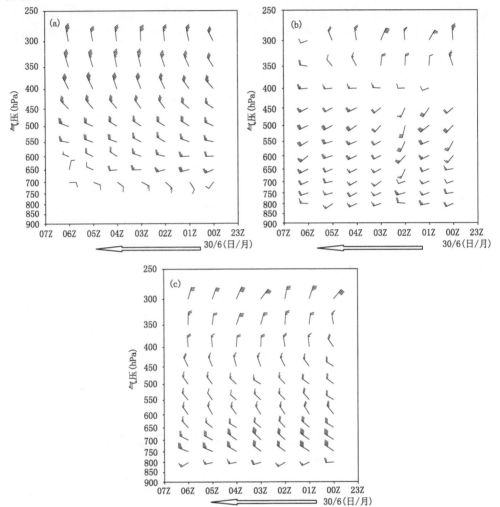

图 5.2.3 2009 年 6 月 30 日 00 时至 06 时(世界时)VAD 风廓线(图中横坐标为世界时)
(a)昆明雷达站;(b)文山雷达站;(c)普洱雷达站

5.2.2 同化试验结果分析

(1)风场对比分析

图 5.2.4 给出了模式积分初始时刻(2009 年 6 月 30 日 08 时)500 hPa 再分析资料的风矢量场、同化雷达资料前后的风矢量及其增量场空间分布。从 NECP 再分析资料的风矢量图上看,在云南西南部和缅甸交界处有一高压中心,其北侧为一弱脊。

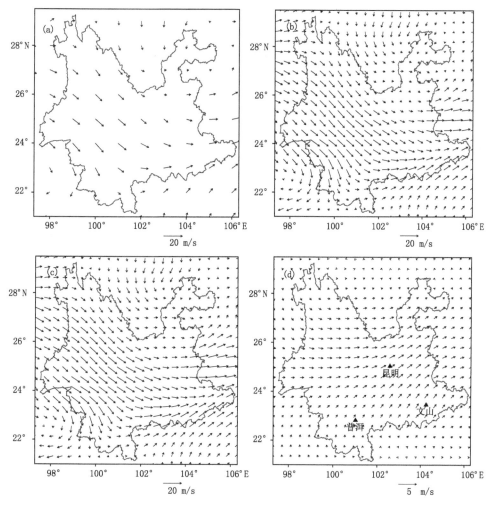

图 5.2.4 2009 年 6 月 30 日 08 时 500 hPa 风矢量
(a)NCEP 再分析资料;(b)方案 1;(c)方案 2;(d)(方案 2—方案 1)增量

云南西部处于高压外围和高压脊前较强西北气流控制。云南东南部为西太平洋副热带高压外围西南气流控制。在云南东北部为一气旋中心,附近区域风速较小。云南东北至西南存在明显的西北风与西南风之间的风向切变。方案 1 和方案 2 把 500 hPa 风场主要特征较好地模拟出来了。由于区域模式的空间分辨率优势,数值试验结果更为细致地揭示出云南西部的西北气流、东南部的西南气流及两种气流间的低槽。从两个方案间的风矢量增量场空间分布上看,同化雷达反演风资料后在云南西部有明显的偏西风增量,云南东南部有明显西南风增量。昆明以西、以南区域有弱的增量辐合。对比同化雷达站附近的风场增量发现,昆明站和文山站反演的 VAD 风相对于模式背景场有西偏南风增量,普洱站反演的 VAD 风与模式背景场之间的差异较小,风矢量增量不明显。

从 2009 年 6 月 30 日 08 时 700 hPa 风矢量场空间分布图(图 5.2.5)看:在我国云南西南部和缅甸交界处同样为一弱高压脊,云南西部处于高压脊前较强西北气流控制,云南东部转为偏西气流。与 500 hPa 不同的是在云南东北部为明显东北气流控制,两股气流在曲靖至丽江一线形成明显的西北-东南向风场切变。从整体趋势上看,NECP 再分析资料的风矢量场与方案 1、方案 2 模拟的风矢量场主要特征基本一致。从方案 1 和方案 2 可以清晰地看出,切变线附近有明显的风向、风速辐合,昆明站此时处于切变线南侧。

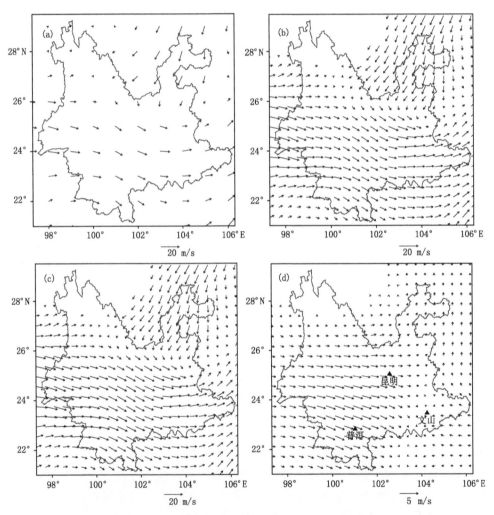

图 5.2.5　2009 年 6 月 30 日 08 时 700 hPa 风矢量

(a)NCEP 再分析;(b)方案 1;(c)方案 2;(d)(方案 2-方案 1)增量

　　从两个方案间的风矢量增量场空间分布上看(图 5.2.5d),同化雷达反演风场资料后在云南西部有明显的偏西风增量,其他区域风场增量不明显。对比同化雷达站附近的风场增量发现,主要是普洱站反演的 VAD 风场相对于模式背景场有西偏北风增量,昆明站和文山站反演的 VAD 风场与模式背景场之间的差异较小,风矢量增量不明显。同化后的风场更有利于增强切变线西南侧的水汽输送和风速辐合。

　　图 5.2.6 给出了各数值试验方案模拟普洱站 (101.02°E;22.83°N)的风廓线随时间演变情况,对比分析各图发现:各方案均模拟出了风向随高度顺转、低层风速大于高层的变化特征。特别是在 700 hPa 附近普洱站一直为西偏北气流控制,说明普洱站在整个降水过程中一直处于 700 hPa 切变线南侧,各方案对切变线的位置模拟较为接近。

　　同化雷达反演风场资料后,各试验方案模拟的风廓线特征基本一致,但在风向和风速上有些细微的差异。方案 1 模拟出了 800 hPa 附近层次风向发生扰动的过程,开始为西偏北气流、14 时逐渐转为西偏南气流、20 时转为偏北气流。伴随风向扰动整层垂直风切变明显加大,中高层风向偏北分量加大,风速逐渐减小。方案 2 在低层的风向变化与方案 1 一致,但风速明显加大。随着雷达资料同化频次的增加,各方案模拟的风向大概在 17 时由偏西风转偏北风,较方案 1 有所提前且风向变化过程较快。低层风速明显增加 2 m/s 左右,高层风速也有所增加。

　　(2)降水场对比分析

　　图 5.2.7 给出了不同方案在 2009 年 6 月 30 日 14 时至 20 时期间 6 h 累计降水模拟结果及实况。从实况图(图 5.2.7a)看,降水主要出现在云南中部以西、以南区域,位于 700 hPa 切变线附近及南侧。其中文山州、红河州、玉溪市一线降水较强,累计降水量达 25 mm。对比分析各方案的模拟结果发现:各数值试验都较好地反映了切变线影响下的降水特征,即切变线附近降水较强,切变线后部则降水较弱或无降水。但在降水量级及空间分布方面还是存在明显差异。方案 1 把雨带西北-东南向的空间分布趋势模拟出来了,但降水量级预报明显偏小、强降水范围偏小。同化雷达资料后的各方案在切变线附近的降水明显增强,10 mm 以上的区域明显增大。对文山州、红河州的强降水预报在量级和范围上都与实况更加接近。总体看,方案 2(图略)与方案 1 差异最小,方案 3 与方案 4(图略)、方案 5 与方案 6(图略)比较相近。不足的是普洱市东部的降水中心较实况偏南。另外,各试验方案对玉溪市、西双版纳州附近的较强降水都存在一定的漏报。

　　图 5.2.8 给出了不同方案在 2009 年 6 月 30 日 14 时至 7 月 1 日 08 时期间累计降水模拟结果及实况。从实况图看,降水同样主要出现在云南中部以西、以南区域。除切变线附近的文山州、红河州、玉溪市一线降水较强外,切变线南侧的普洱市、西双版纳州也出现了累计降水量达 25 mm 以上的强降水,其中普洱东北部累计降水量达 50 mm。对比分析各方案的模拟结果发现:各数值试验都较好地反映了切变线影响

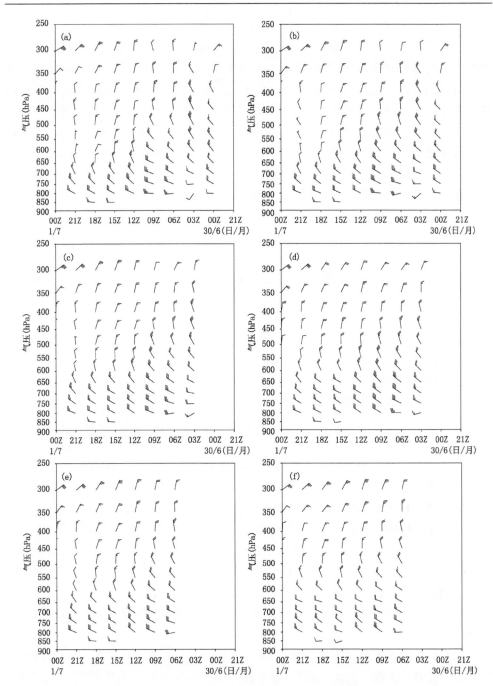

图 5.2.6　数值试验模拟的 2009 年 6 月 30 日 00—21 时普洱站风廓线（图中横坐标为世界时）
(a)方案 1；(b)方案 2；(c)方案 3；(d)方案 4；(e)方案 5；(f)方案 6

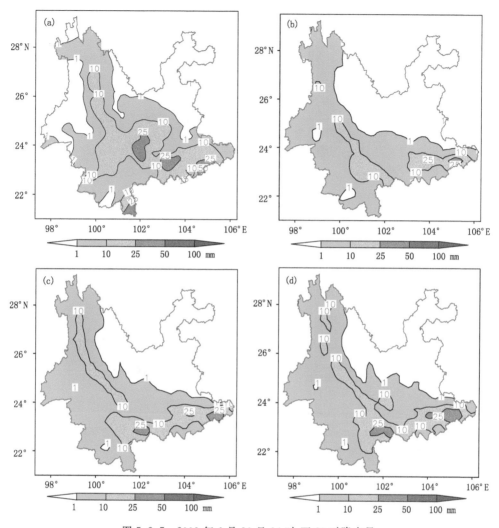

图 5.2.7　2009 年 6 月 30 日 14 时 至 20 时降水量
(a)实况;(b)方案 1 预报;(c)方案 3 预报;(d)方案 5 预报

下的降水特征,即切变线附近降水较强,切变线后部则降水较弱或无降水。总体看,各试验方案对切变线南侧的降水预报偏弱,强降水雨区预报范围偏小。普洱市、西双版纳州附近的较强降水都存在一定的漏报。

具体分析同化雷达资料前后的累计降水量空间分布可以看出:同化雷达风场资料对降水偏小的改善还是有明显的积极作用。方案 1 降水量级预报明显偏小、强降水范围偏小。同化雷达资料后的各方案在切变线附近的降水明显增强,10 mm 以上的区域明显增大,降水强度和落区与实况更为接近。特别是方案 5 对降水的增幅作用最为明显,在文山州南部、红河州、普洱市东部预报出了 25 mm 以上的成片强降水

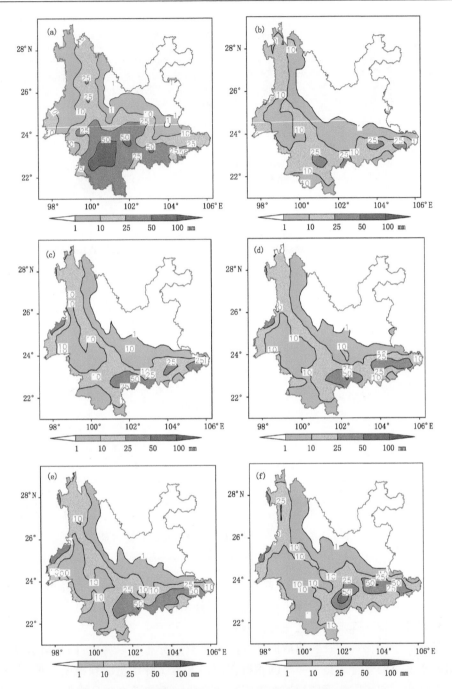

图 5.2.8　2009 年 6 月 30 日 14 时至 7 月 1 日 08 时降水量

(a)实况;(b)方案 1 预报;(c)方案 3 预报;(d)方案 4 预报;

(e)方案 5 预报;(f)方案 6 预报

（图 5.2.8e）。不足的是同化雷达资料后的各方案在普洱市东北部 50 mm 的降水中心仍普遍存在漏报，个别试验在红河州预报的 50 mm 的降水区域存在一定的空报，例如方案 6（图 5.2.8f）。

　　为了定量地反映不同试验方案降水预报结果的差异，对比分析各方案的优劣，对 2009 年 6 月 30 日 14 时至 7 月 1 日 08 时期间累计降水量进行统计检验，检验区域为云南省范围。表 5.2.1 给出了 TS、空报率、漏报率、预报偏差等项目检验结果，对比分析发现：方案 1 在 25 mm 以下两个量级的降水预报准确率还可以，但在 25.0～49.9 mm 和≥50.0 mm 两个量级 TS 评分均为 0.00％，由于降水总体偏小，强降水的两个量级全部漏报。方案 2 的预报检验结果在 25 mm 以下两个量级比方案 1 略低，但在 25.0～49.9 mm 有 5.00％的准确率，在 10.0～24.9 mm 量级的预报偏差更趋合理。随着同化雷达风场资料频次的增加，方案 3、4、5、6 在 25.0～49.9 mm 都有较大的提高，方案 3 的准确率达到 28.57％，为所有方案中评分最高。另外，方案 5 在 50.0 mm 以下的三个量级的准确率相对方案 1 都有明显提高，预报偏差相对最为合理。综合而言，虽然各方案在较强降水量级的预报偏差都明显小于 1.00，仍存在一定程度的漏报。但同化雷达风场资料后，对降水的预报性能有较大改善，能明显提高强降水预报准确率。同化试验的频次和时间间隔对模拟结果有明显影响，在此次降水过程模拟试验中，方案 3 和方案 5 的预报性能相对较好。

表 5.2.1　各数值试验方案模拟降水结果检验

量级	TS(%)					
(mm)	方案 1	方案 2	方案 3	方案 4	方案 5	方案 6
0.1～9.9	57.69	56.52	66.67	54.17	87.50	75.00
10.0～24.9	33.33	30.56	38.24	28.57	35.48	29.41
25.0～49.9	0.00	5.00	28.57	15.00	16.67	14.29
≥50.0	0.00	0.00	0.00	0.00	0.00	0.00

量级	漏报率（%）					
(mm)	方案 1	方案 2	方案 3	方案 4	方案 5	方案 6
0.1～9.9	38.46	39.13	29.17	41.67	8.33	20.83
10.0～24.9	42.42	38.89	32.53	42.86	32.26	41.18
25.0～49.9	100.00	95.00	66.67	85.00	66.67	80.95
≥50.0	100.00	100.00	100.00	100.00	100.00	100.00

量级	空报率（%）					
(mm)	方案 1	方案 2	方案 3	方案 4	方案 5	方案 6
0.1～9.9	3.85	4.34	4.17	4.16	4.17	4.17
10.0～24.9	24.24	30.56	29.41	28.57	32.26	29.41
25.0～49.9	0.00	0.00	4.76	0.00	16.66	4.76
≥50.0	0.00	0.00	0.00	0.00	0.00	0.00

续表

量级 (mm)	预报偏差					
	方案 1	方案 2	方案 3	方案 4	方案 5	方案 6
0.1～9.9	0.64	0.63	0.74	0.61	0.95	0.83
10.0～24.9	0.76	0.88	0.96	0.80	1.00	0.83
25.0～49.9	0.00	0.05	0.35	0.15	0.40	0.20
≥50.0	0.00	0.00	0.00	0.00	0.00	0.00

　　本节中数值试验方案主要是反映雷达资料同化对降雨过程预报的改善作用,在实际业务中,预报人员更看中雷达资料相对于已有常规观测资料(探空、地面)的"增值"作用。因此,按照相同技术方法,在同化探空、地面(记为方案 1*)的基础上对改善作用较为明显的方案 3 重新进行同化试验(记为方案 3*)。图 5.2.9 给出了 2009年 6 月 30 日 14 时至 7 月 1 日 08 时期间两个方案的累计降水模拟结果,对比分析可以看出:同化常规资料后降水量预报有所增强,但对切变线南侧的降水预报依然偏弱,云南西南部的较强降水仍然存在一定的漏报。另外,在云南西部边缘出现了大雨空报现象。增加雷达资料同化后,累计降水量的空间分布总体维持了上述特征。但在西南、南部边缘附近 25 mm 以上的降水落区范围明显增大,雷达资料同化对此次过程强降水中心预报偏弱、范围偏小的改善作用依然存在。

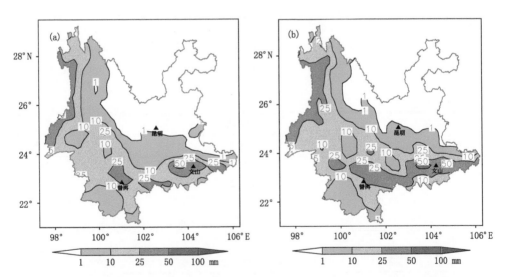

图 5.2.9　同化常规资料后 2009 年 6 月 30 日 14 时至 7 月 1 日 08 时降水预报
(a)方案 1*;(b)方案 3*

5.2.3　同化试验小结

通过同化试验对比分析,可以得到以下结论:

(1)同化雷达反演风场后,对区域模式的风矢量初始场有明显影响。同化系统能把雷达反演风场信息有效地引入模式初始场,按照同化模型进行增量空间分配,改变各层次主要影响系统的风场特征。通过对降水过程的对比试验发现,同化雷达反演风场后有助于改善强降水区的水汽输送和风场辐合强度。

(2)同化雷达反演风场后,无论对短时、长时间降水预报结果都有改善。从长时间累计降水量定量检验结果看,具体表现为 25 mm 以上量级的降水准确率明显提高、漏报率下降,预报偏差更趋合理。

(3)同化频率越高、同化窗口时间越长,对区域模式初始场和预报场的影响越明显。但同化窗口过长可能导致风矢量增量异常偏大,系统移速过快。本节的同化试验表明:同化窗口为 3 小时的试验方案要好于同化窗口为 6 小时的试验方案。在进行雷达反演风场时,同化窗口不宜过长,并不是同化窗口越长预报效果越好。

受反演方法限制,VAD 反演风场不能从三维空间上精细地揭示强降水过程关键性天气系统的结构。但是 VAD 反演风场类似于探空的特性及其可靠性决定了其可以方便地同化进入区域数值预报模式。通过多个时次的同化可以发挥其高时间分辨率的优势,对增加模式初始场信息、改善定量降水预报有一定的潜力。在风场观测时、空分辨率不足与强降水准确预报需求矛盾突出的低纬高原地区,同化雷达反演风场无疑是提高预报水平、加强防灾减灾能力的有效途径。

另外,雷达径向速度资料只是雷达观测要素之一,目前的研究表明:雷达观测的另一个要素即基本反射率因子与数值模式中的相对湿度、位势高度等要素关系密切,接下来将针对共同同化雷达反演风场和基本反射率因子开展试验研究。

5.3　雷达反演风场和反射率因子同化试验

5.3.1　个例天气概况

受低槽、切变线天气系统影响,2012 年 9 月 12 日 08 时至 13 日 08 时滇中、滇东南及滇西北东部出现强降水天气过程,县级台站 24 h 小时观测累计降水出现暴雨 15 站、大雨 40 站,同时达到云南省气象业务规定的全省性暴雨和大雨过程。WRF 区域业务模式对此次降水过程有一定的反映,但在强降水落区和强度预报方面有较大的误差。

从环流形势看,此次降水的主要影响天气系统是 500 hPa 青藏高原东南侧的低槽和 700 hPa 云南境内的切变线。图 5.3.1a 给出了 2012 年 9 月 12 日 20 时在 500

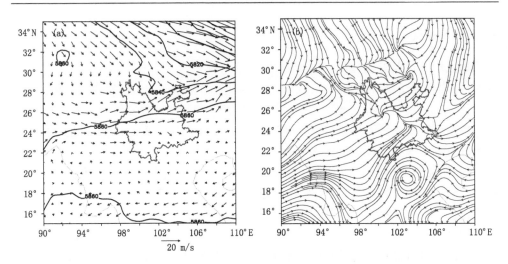

图 5.3.1　2012 年 9 月 12 日 20 时 500 hPa 高度和风矢量(a)和 700 hPa 流场(b)

hPa 上的高度场和风矢量场合成图,从图上可以看出降水过程发生时西太平洋副热带高压比较强大并呈带状分布,西脊点到达 90°E、北边界位于 24°N 附近,5860 gpm线控制了云南南部。在四川西北部至缅甸北部一线有一西风槽,槽前西偏南气流控制了云南中、北部,且存在一大风速带,槽后有明显的西北气流和冷平流。低槽的存在有利于低层辐合的发展和中层水汽输送。从 700 hPa 流场(图 5.3.1b)看,云南境内的大理至文山一线存在明显的西北—东南向切变线,从青海、四川南下的冷空气与孟加拉湾北上的暖湿气流在云南境内辐合。切变线系统为此次降水过程中冷暖气流交汇及辐合抬升提供重要的动力条件,切变线位置与强降水落区有较好的对应关系。切变线自东北向西南移过云南大部,强降水落区也自云南东北部向西南方向移动。

　　从降水过程初期的 VAD 风廓线(图 5.3.2)可以看出:昆明站经历了一次切变线影响的过程。12 日 08 时昆明站上空中、低层为西南气流,高层为西北气流。整层风向随高度呈顺时针旋转,中、低层西南气流有明显的暖平流输送,为此次降水发生提供了水汽和不稳定能量。在 12 日 11 时昆明低层风向由西南风转为偏东风,表明低层有冷空气侵入或切变线过境,有利于冷暖气流交汇和垂直运动发展,为此次强降水提供动力抬升条件。此后一段时间,昆明站一直维持底层偏东风,中、高层西偏南风。

　　从降水过程初期的雷达基本反射率因子分布(图 5.3.3)可以看出:12 日 08 时降水空间分布呈西北—东南向带状分布,回波走向与切变线走向一致。强回波位于切变线附近,以层状—积云混合降水回波为主。到了 12 日 14 时回波形状发生了较大变化,带状特征逐渐消失。切变线及其前部有明显的对流块状回波发展,回波强度空间梯度较大,以积云降水回波为主。切变后部则有大片层状回波维持,但强度较弱。此时的降水回波空间分布较为分散,与切变线位置的对应关系不是很好。

　　由于昆明站在此次降水过程中出现了大雨量级的降水,并且在数值试验初始时

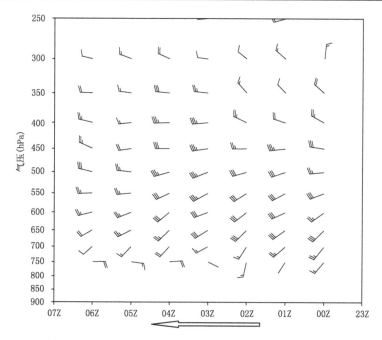

图 5.3.2 昆明雷达站 2012 年 9 月 12 日 00 时至 06 时 VAD 风廓线(图中横坐标为世界时)

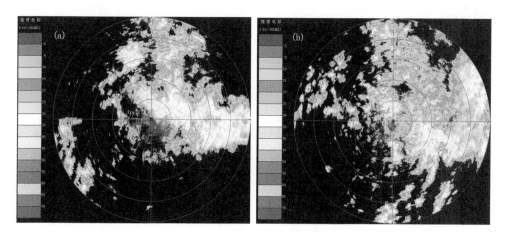

图 5.3.3 2012 年 9 月 12 日昆明站多普勒雷达基本反射率(0.5°仰角)
(a)08:03;(b)14:05

刻的雷达资料中包含了切变线系统影响时的风场变化和降水演变特征等信息。因此,数值试验时将图 5.3.2 所示的昆明站 VAD 风场资料和对应时次的雷达反射率因子观测资料(图 5.3.3 所示为其中两个时次)按照表 5.1.2 中的试验方案进行同化试验对比分析。

5.3.2 同化试验结果分析

（1）风场对比分析

图 5.3.4 给出了模式积分初始时刻（2012 年 9 月 12 日 08 时）500 hPa 再分析资料的风矢量场、同化雷达资料前后的风矢量及增量场空间分布。从 NECP 再分析资料的风矢量图上看云南南部为西太平洋副热带高压控制，风矢量值较小。云南中部以北均为偏西气流控制，且风速相对较大。气流自滇西偏北位置进入云南后分支，一股直接向东北移出云南。另一股气流向南偏转流经昆明附近后向东北方向流出云南，在此次过程前期降水中心的昆明附近，气流有一定的风向辐合。方案 1 和方案 2

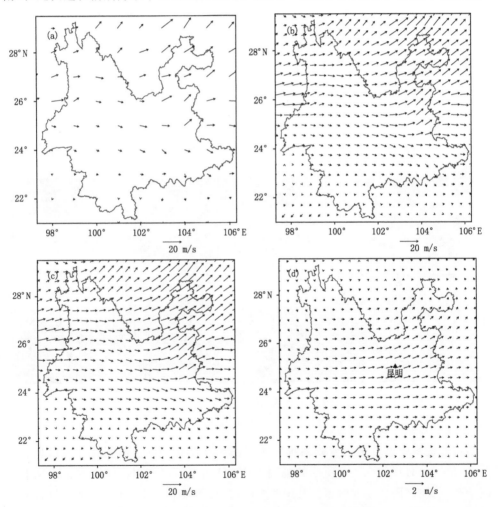

图 5.3.4　2012 年 9 月 12 日 08 时 500 hPa 风矢量

（a）NCEP 再分析资料；（b）方案 1；（c）方案 2；（d）（方案 2—方案 1）增量

把 500 hPa 风场整体趋势和昆明附近风向变化特征基本模拟出来了。在 WRF 模式三维变分同化系统中,为了避免同化引起空间各点物理量之间的不协调,风场等变量的同化增量在水平方向的分布是基于高斯模型,即一个观测点的风场增量是以观测点为中心的圆形分布影响周围各点风场,中心增量最大,向外逐步减小。因此,尽管进入模式的风场信息每一层只有一个点,但其水平增量在观测点周围区域都有分布。从两个方案间的风矢量增量场空间分布上看,同化雷达反演风资料后在昆明附近有偏西风的增量,东部曲靖附近有西偏南风的增量。一定程度上改善了中层水汽向雨区输送,有利于昆明附近风向辐合加强。

从 2012 年 9 月 12 日 08 时 700 hPa 风矢量场空间分布图(图 5.3.5)看:模式积

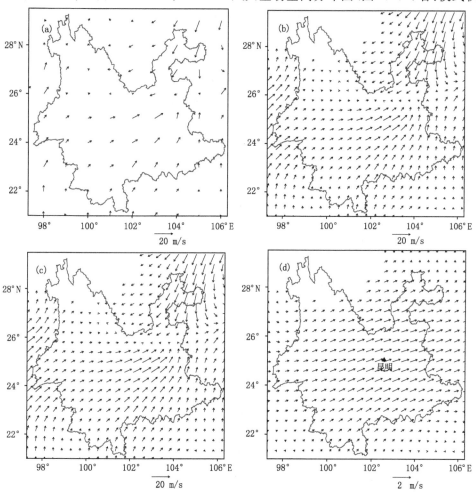

图 5.3.5 2012 年 9 月 12 日 08 时 700 hPa 风矢量

(a)NCEP 再分析资料;(b)方案 1;(c)方案 2;(d)(方案 2—方案 1)增量

分初始时刻,在云南境内 26°N 附近有一明显的准东西向切变线。切变线北部为东北气流向南输送,风速大值中心位于滇东北。切变线南部为西南气流向北输送,风速大值中心位于昆明附近。此时切变线还没有影响到昆明站,南北两支气流在云南境内沾益-嵩明-丽江一线交汇。与 500 hPa 不同的是,底层的水汽主要来自西南方向,同化雷达观测资料后在云南大部有明显的西偏南风增量,有利于降水区水汽条件的改善和冷暖气流辐合增强等动力条件的改善。

图 5.3.6 给出了全部方案雷达资料同化后(2012 年 9 月 12 日 14 时)500 hPa 的 NCEP 再分析资料风矢量场、同化雷达资料前后的风矢量及增量场空间分布。从 NECP 再分析资料的风矢量图上看此时云南南部为西太平洋副热带高压控制,风矢量值较小。云南中部仍然为偏西气流控制。受青藏高原低槽影响,云南西北部风场偏南分量加大,转为明显的西南气流控制。各试验方案较好地模拟出 500 hPa 风场整体趋势及主要特征。从各方案的风矢量增量场空间分布上看,存在图 5.3.6c 和图 5.3.6d、图 5.3.6e 和图 5.3.6f 中增量场空间分布特征较为相似的情况。从试验方案设计差别可以看出,是由于同化时间间隔分别为 3 h 和 1 h 的缘故。图 5.3.6c 和 5.3.6d 在云南北部至四川西南部有明显的西北风增量,在昆明东部区域则产生了南、北风分量的辐合区。图 5.3.6e 和图 5.3.6f 中增量场的空间分布则从范围和风速增量值方面把这一特征表现得更加明显。由此可见,1 h 的同化间隔对风场的影响更明显。

同样,图 5.3.7 给出了全部方案雷达资料同化后(2012 年 9 月 12 日 14 时)700 hPa 再分析资料的风矢量场、同化雷达资料前后的风矢量及增量场空间分布。从 NECP 再分析资料的风矢量图上看,此时云南境内的切变线明显西南移,辐合区已移至昆明站附近。各试验方案较好地模拟出 700 hPa 风场整体趋势及主要特征。从两个方案间的风矢量增量场空间分布上看,同样存在图 5.3.7c 和图 5.3.7d、图 5.3.7e 和图 5.3.7f 中增量场空间分布较为相似的情况。图 5.3.7c 和图 5.3.7d 在云南东北部产生了西南风矢增量,方案 1 在这一区域东北风较实况偏大的情况得到修正。另外,各增量场相对于图 5.3.7b 中切变线位置的西南侧都产生了辐合形势的增量场,说明通过同化雷达资料后切变线的移速较原来加快。与实况对比发现:切变线西段的位置与实况接近,有利于后期大理附近的强降水发生。切变线东段位置较实况有所偏南。特别是同化时间间隔较短时,图 5.3.7e 和图 5.3.7f 中切变线东段位置的模拟与实况有一定偏差。

(2)湿度场对比分析

图 5.3.8 给出了模式积分初始时刻(2012 年 9 月 12 日 08 时)相对湿度及其增量场空间分布。500 hPa 上方案 1 的相对湿度场在昆明以东、以北为 95% 以上的大值区,滇中西部、滇西南为相对小值区。通过同化雷达资料后在昆明站西侧的区域有明显的增湿区,中心为 15%,滇东北区域则相对湿度减小,中心达−30%。与前面风

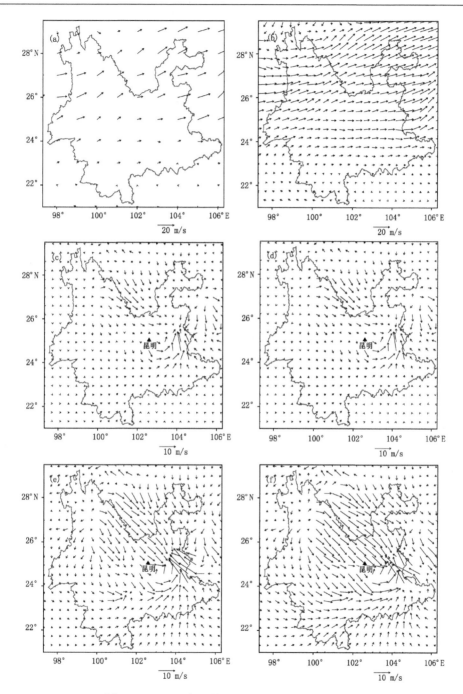

图 5.3.6　2012 年 9 月 12 日 14 时 500 hPa 风矢量

(a)NCEP 再分析资料;(b)方案 1;(c)(方案 3－方案 1)增量;(d)(方案 4－方案 1)增量;

(e)(方案 5－方案 1)增量;(f)(方案 6－方案 1)增量

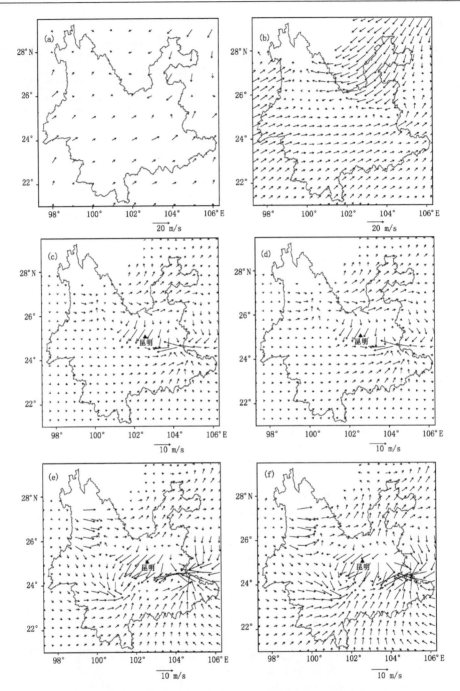

图 5.3.7　2012 年 9 月 12 日 14 时 700 hPa 风矢量

(a)NCEP 再分析资料;(b)方案 1;(c)(方案 3-方案 1)增量;(d)(方案 4-方案 1)增量;

(e)(方案 5-方案 1)增量;(f)(方案 6-方案 1)增量

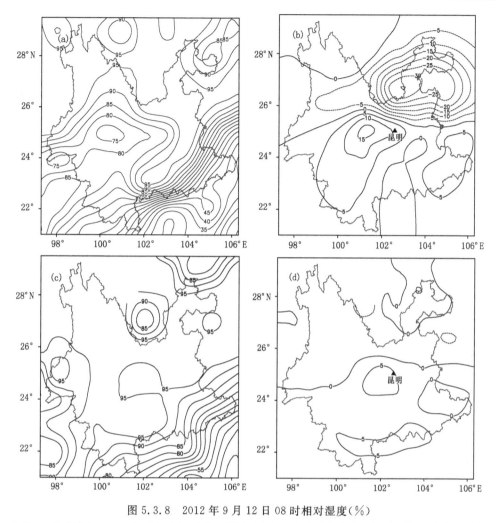

图 5.3.8　2012 年 9 月 12 日 08 时相对湿度(%)

(a)500 hPa 方案 1;(b)500 hPa(方案 2-方案 1)增量;(c)700 hPa 方案 1;(d)700 hPa(方案 2-方案 1)增量

矢量场对比发现,主要是在切变线的南侧为正的相对湿度增量,切变线的北侧则为负的相对湿度增量。700 hPa 上相对湿度增量场总体空间分布与 500 hPa 类似,但增量场的中心值和范围比 500 hPa 上要小得多,在昆明站西侧有 5% 的增量中心。方案 1 和方案 2 在云南大部的相对湿度都为 95% 以上,空间分布也较为接近。相对湿度增量场的空间分布有利于切变线附近及其未来影响区域降水强度增加,切变线后部降水逐渐减弱,与切变线造成云南降水的时空分布特征一致。

图 5.3.9 给出了 2012 年 9 月 12 日 14 时 700 hPa 相对湿度及其增量场空间分布。从图 5.3.9a 可以看出模式积分 6 h 后,700 hPa 上云南中部及以北地区全部为 95% 以上的高湿度区。方案 2 由于只同化了一个时次的雷达资料,在 14 时的相对湿

度场相对于方案 1 区别不大。仅在昆明南部出现了小区域的 5% 增量(图 5.3.9b)。随着同化频次的增加各试验方案相对于方案 1 出现了较大的变化。总体上依然呈现出切变线南侧的区域为正的增量场,切变线北侧为负的增量场的趋势。同样,相对湿度增量场空间分布特征存在同化时间间隔分别为 3 h 和 1 h 较为相似的情况。但是同化频次为 1 h 的方案(图 5.3.9d)可能是由于同化间隔时间较短的原因,其增量值异常偏大。在切变线后部出现较大负增量值,偏离常规情况。

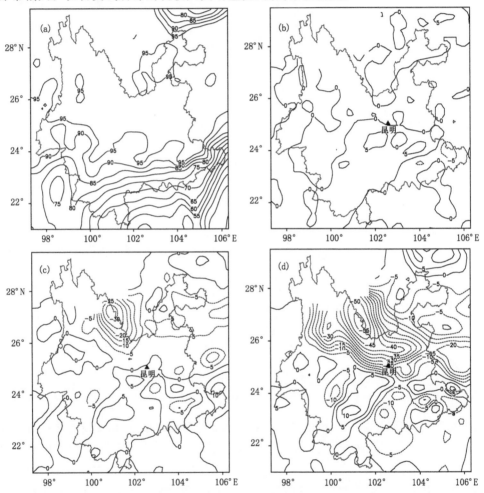

图 5.3.9　2012 年 9 月 12 日 14 时 700 hPa 相对湿度(%)

(a)方案 1;(b)(方案 2—方案 1)增量;(c)(方案 3—方案 1)增量;(d)(方案 5—方案 1)增量

　　图 5.3.10 给出了 2012 年 9 月 13 日 08 时 700 hPa 相对湿度及其增量场空间分布。从图 5.3.10a 可以看出模式积分 24 h 后,95% 以上的高湿度区向南扩展,北部湿度有所减弱,处于切变线后部滇东北减弱明显。高湿度区的变化与切变线的移动

趋势一致,云南中部及以南地区大部为95%以上的高湿度区。对比各个方案此时刻相对湿度场的模拟结果与方案1的差值发现:在云南境内,各方案与方案1的差异不大,大多在5%以内。方案5在滇东北区域差异较大,其模拟结果相对湿度减弱较快的区域略偏东(图5.3.10d)。随着积分时效的增加,相对湿度增量场的数值和范围逐渐减小,这可能与区域模式中大尺度边界条件的输入和模式自我调整有关。

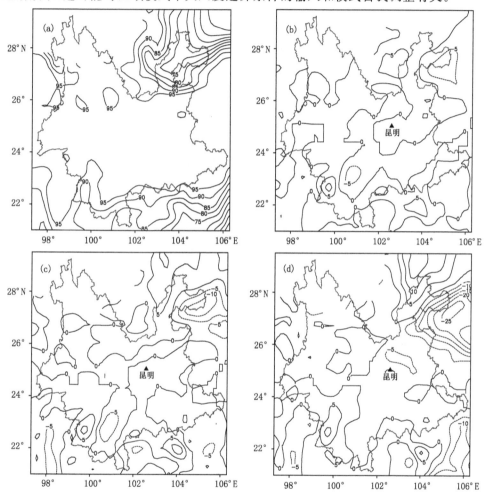

图5.3.10　2012年9月13日08时700 hPa相对湿度(%)

(a)方案1;(b)(方案2-方案1)增量;(c)(方案3-方案1)增量;(d)(方案5-方案1)增量

(3)高度场对比分析

图5.3.11给出了模式积分初始时刻(2012年9月12日08时)位势高度及其增量场空间分布。500 hPa上方案1的高度场空间分布显示云南中南部为5870 gpm等值线控制(图5.3.11a)。在西北部5860 gpm等值线有弱的波动,由于云南区域远

小于低槽等天气系统的空间尺度,分析不出明显的槽脊特征。通过同化雷达资料后在昆明北部有负变高,中心值为−5 gpm。700 hPa 上方案 1 在云南中部切变线的位置分析出了 3120 gpm 的低值区(图 5.3.11c),位势高度对切变线的反映没有风场明显。通过同化雷达资料后在昆明北部出现弱的负变高、南部出现弱的正变高中心,中心值为±1 gpm。位势高度的变化主要是由于同化雷达基本反射率引起。

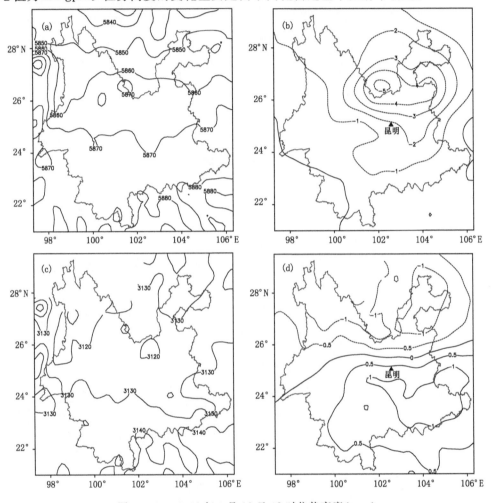

图 5.3.11 2012 年 9 月 12 日 08 时位势高度(gpm)

(a)500 hPa 方案 1;(b)500 hPa(方案 2−方案 1)增量;(c)700 hPa 方案 1;(d)700 hPa(方案 2−方案 1)增量

图 5.3.12 给出了 2012 年 9 月 12 日 14 时 700 hPa 位势高度及其增量场空间分布。从图 5.3.12a 可以看出模式积分 6 h 后,700 hPa 层次上方案 1 在云南大部区域为 3130 gpm 的相对小值区,从高度场上几乎反映不出切变线的系统和具体位置。同化了一个时次雷达资料后的方案 2 在昆明以西、以南出现负变高,一个中心位于昆

明、另一个中心位于丽江至大理附近,中心值均为－4 gpm。云南东北部为弱的正变高,中心值达＋2 gpm(图 5.3.12b)。随着同化频次的增加各试验方案相对于方案 1 出现了较大的变化。总体上依然呈现出切变线以西、以南的区域为明显的负变高,切变线北侧为正变高或弱的负变高。同样,位势高度增量场空间分布特征存在同化时间间隔分别为 3 h 和 1 h 较为相似的情况。同化频次为 1 h 的方案(图 5.3.12d)其增量值较大,负变高的区域范围也较大。

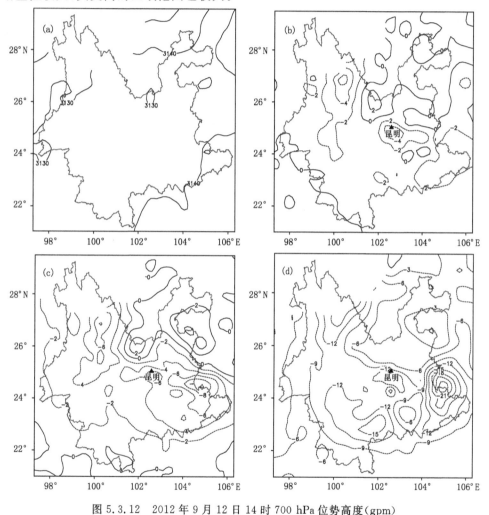

图 5.3.12　2012 年 9 月 12 日 14 时 700 hPa 位势高度(gpm)
(a)方案 1,(b)(方案 2－方案 1)增量,(c)(方案 3－方案 1)增量,(d)(方案 5－方案 1)增量

(4)降水场对比分析

图 5.3.13 给出了 2012 年 9 月 12 日 08 时至 14 时累计降水量空间分布。从实况观测图(图 5.3.13a)上看 6 小时内云南大部都出现了 1 mm 以上降水,10 mm 以

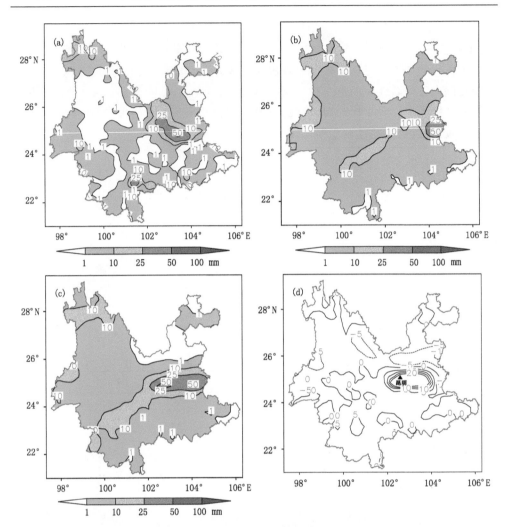

图 5.3.13　2012 年 9 月 12 日 08 时至 14 时降水
(a)实况；(b)方案 1 预报；(c)方案 2 预报；(d)(方案 2-方案 1)预报增量

上较强降水主要分布在曲靖、昆明、楚雄东部。昆明大部分县区出现了 25 mm 以上降水，其中在宜良、石林、富民的部分乡镇出现 50 mm 以上的短时强降水。没有同化任何资料的方案 1(图 5.3.13b)在云南大部均模拟出了 1 mm 以上的降水。在曲靖南部模拟出了 25 mm 以上的强降水区，但强降水区范围偏小、位置偏东。在此次降水最强的昆明地区没有预报出强降水，与实况偏差较大。方案 2(图 5.3.13c)在昆明附近预报出了 25 mm 以上的强降水。相对于方案 1 强降水雨带向西、向南扩展，在昆明附近的降水量有 20 mm 以上的增量(图 5.3.13d)。略有不足之处是昆明地区北部的强降水仍然没有预报出来。相对而言，通过对模式初始时刻同化雷达资料后强降水区域空间分布与实况更接近，对模式 6 h 的累计降水量降水预报有较大改善。

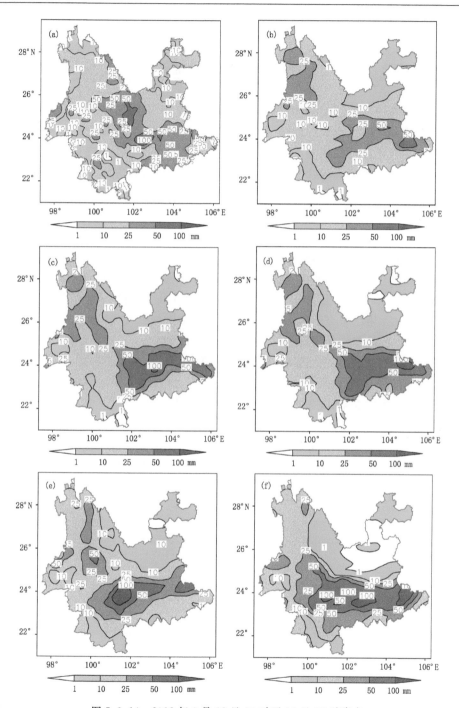

图 5.3.14 2012 年 9 月 12 日 14 时至 13 日 08 时降水

(a)实况；(b)方案 1 预报；(c)方案 3 预报；(d)方案 4 预报；(e)方案 5 预报；(f)方案 6 预报

　　图 5.3.14 给出了 2012 年 9 月 12 日 14 时至 13 日 08 时累计降水量空间分布。从实况观测图上看此段时期内较强降水主要出现在云南东南部、中部、西北部。切变线后部的滇东北和距离切变线较远的滇西南降水相对较弱。25 mm 以上的降水呈东南一西北向分布，主要出现在文山、红河、玉溪、楚雄、大理东部、丽江东部等区域，其中玉溪、楚雄等地区共计 110 多个乡镇出现 50 mm 以上的强降水（图 5.3.14a）。方案 1 把 10 mm 以上降水区域较好地模拟出来，但在 25 mm 以上区域在云南中部出现漏报，对此次降水最强的区域降水量预报明显偏小。在云南东南部和西北部出现部分区域空报（图 5.3.14b）。对比同化雷达资料后的各方案降水量预报结果发现：各方案对云南中部及其以南地区的降水明显增强，较好地预报出了红河、玉溪、大理等州市的强降水，漏报区域减少。更为明显地预报出 25 mm 以上强降水区域呈东南一西北向的走势。但在在云南东南部（文山）仍然出现部分区域空报且量级偏大，云南中部偏北的区域（楚雄）都存在一定的漏报。

　　为了定量地反映不同试验方案降水预报结果的差异，对比分析各方案的优劣，对 2012 年 9 月 12 日 14 时至 13 日 08 时累计降水量进行统计检验，检验区域为云南省范围。表 5.3.1 给出了 TS、空报率等检验结果，对比分析发现：方案 1 在 25 mm 以下的降水预报准确率比较高，但在 25.0～49.9 mm 和 ≥50.0 mm 两个量级漏报率为所有试验方案中最高。特别是在 ≥50.0 mm 的量级存在明显漏报，预报偏差仅为 0.14，远远偏离 1.0 的合理值。同化雷达资料的各试验方案在较强降水量级的预报准确率都有较大的提高，漏报率明显下降。但是方案 4 和方案 6 在 ≥50.0 mm 的量级存在预报偏差偏大，空报率明显增加的情况。方案 6 还出现 ≤25 mm 的两个量级准确率下降的情况。也就是说，该方案在较大量级降水准确率的提高是以一定数量的空报为代价的。综合而言，方案 3 和方案 5 对此次降水过程的预报性能最好。

表 5.3.1　各数值试验方案模拟降水结果检验

量级	TS(%)					
(mm)	方案 1	方案 2	方案 3	方案 4	方案 5	方案 6
0.1～9.9	100.00	100.00	100.00	100.00	100.00	89.12
10.0～24.9	49.09	49.54	45.15	35.91	37.62	24.67
25.0～49.9	16.75	21.38	18.80	20.16	14.91	16.57
≥50.0	2.26	6.59	15.22	20.82	19.42	17.21
量级	漏报率（%）					
(mm)	方案 1	方案 2	方案 3	方案 4	方案 5	方案 6
0.1～9.9	0.00	0.00	0.00	0.00	0.00	10.88
10.0～24.9	17.94	14.10	19.01	32.99	32.14	49.56
25.0～49.9	49.03	38.50	40.73	37.63	47.15	39.24
≥50.0	87.22	58.22	36.52	27.76	38.35	21.43

量级	空报率（%）					
(mm)	方案 1	方案 2	方案 3	方案 4	方案 5	方案 6
0.1～9.9	0.00	0.00	0.00	0.00	0.00	0.00
10.0～24.9	32.97	36.36	35.84	31.11	30.25	25.77
25.0～49.9	34.22	40.19	40.47	42.20	37.94	44.19
≥50.0	10.53	34.62	48.26	51.43	42.23	61.36
量级	预报偏差					
(mm)	方案 1	方案 2	方案 3	方案 4	方案 5	方案 6
0.1～9.9	1.00	1.00	1.00	1.00	1.00	0.89
10.0～24.9	1.22	1.35	1.26	0.97	0.97	0.68
25.0～49.9	0.78	1.03	1.00	1.08	0.85	1.09
≥50.0	0.14	0.63	1.23	1.49	1.07	2.03

　　为了进一步分析同化雷达反演风场和基本反射率因子在降水预报中的贡献，按照表 5.1.2 的试验方案分别开展了单独同化雷达反演风场和基本反射率因子的预报试验。考虑到同化多个时次雷达资料的试验方案（方案 3、方案 4、方案 5、方案 6）对模式降水预报影响相对明显，而且存在方案 3、方案 5 同化结果相似，方案 4、方案 6 同化结果相似的情况，因此这里仅给出试验方案 3 和方案 4 在同化不同资料时降水预报检验结果（图 5.3.15）。对比分析发现：在这次数值试验中，仅仅只同化雷达反演风场时，10.0～24.9 mm 和 25.0～49.9 mm 两个量级降水预报的改善比较明显。特别是在试验方案 3 中，同化雷达反演风场时的 TS 评分分别为 47% 和 19%，在这两个量级的评分分别比单独同化基本反射率因子时高 12% 和 3%，预报偏差也相对合理。单独同化雷达反演风场对 ≥50.0 mm 量级的降水预报改进不明显，预报偏差明显小于 1.0，该量级存在明显的漏报。但是同时同化雷达反演风场和基本反射率因子，对 ≥50.0 mm 量级的降水预报的改善比单独同化基本反射率因子时要明显。仅仅只同化基本反射率因子时，方案 3 和方案 4 在 ≥50.0 mm 量级的降水预报 TS 评分分别为 11% 和 2%，同时同化雷达反演风场和基本反射率因子后，准确率分别提高了 4% 和 19%。不足的是，此时方案 4 的预报偏差为 1.5，空报率有些增加。总体而言，同时同化雷达反演风场和基本反射率因子时，对 ≥25.0 mm 的强降水预报改善更明显。

5.3.3　同化试验小结

　　从雷达资料同化对区域模式各要素的影响分析结果可以得到如下结论：

　　（1）同时同化雷达反演风场和基本反射率因子，对区域模式同化系统中风矢量、相

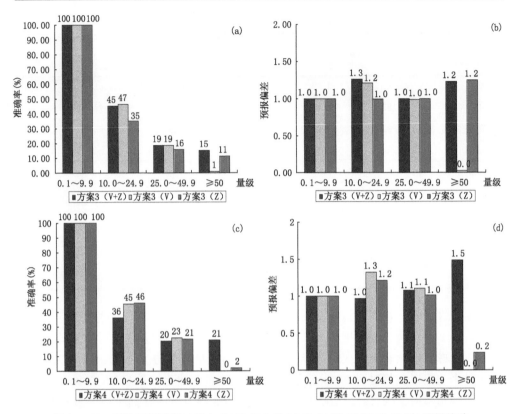

图 5.3.15　同化不同资料时降水(2012 年 9 月 12 日 14 时至 13 日 08 时)预报检验

(a)方案 3 TS 评分；(b)方案 3 预报偏差；(c)方案 4 TS 评分；(d)方案 4 预报偏差

对湿度、位势高度几个基本分析量都有明显影响。同化雷达资料后,有利于区域模式初始场中强降水区域的上游中低层空气湿度增加、水汽输送增强,强降水区风场辐合加强。

(2)从降水定量检验结果看,雷达反演风场和基本反射率因子的同化均对降水预报改善有明显贡献,多种资料的同化效果好于单一资料同化。同化雷达反演风场和基本反射率因子后,区域模式对雨带趋势和强降水的落区、强度预报效果更好。

(3)单个时次的雷达观测资料同化对 6 h 降水预报结果也有明显影响,但多个时次资料的同化对降水预报的改善更加突出。在本研究的同化试验中,同化持续时间选取 3 h、资料间隔为 1 h 较为适宜。资料同化持续时间过长会导致增量场异常和降水场空报,同化间隔时间过长则会影响雷达观测信息的吸纳。

总体而言,在开展雷达资料同化时,多种观测数据的综合应用有利于各种要素相互协调,模式预报取得最佳效果。但本研究的同化试验主要是针对强降水天气过程的短期预报来设计。对于中小尺度系统影响下的强对流天气的短时临近的预警,由于影响系统生命史短暂、变化较快等原因,同化方案的设计应有所差别,缩短资料同化间隔时间和同化持续时间将更加有利于系统演变信息的真实反映。

第 6 章　云南省地质灾害气象风险精细化预警系统

　　地质灾害气象风险预警系统既是预警模型、临界雨量指标、精细化定量降水预报等研究成果向业务应用转化的核心载体,又是开展地质灾害气象风险预警服务的重要支撑平台。充分考虑业务服务需求,研发了云南省地质灾害气象风险精细化预警系统。该系统主要由具有客观预警功能的服务器端和具有主观订正功能的客户端构成。本章从设计思路、开发方式、模块功能、使用说明各方面详细地介绍云南省地质灾害气象风险精细化预警系统。

6.1　系统概况

6.1.1　系统设计思路

　　结合强降水与地质灾害等之间的相互关系,开展降水诱发类型地质灾害气象风险预警服务,逐步构建省、地、县三级预警服务流程和一体化平台,是当前气象部门认真履行防灾减灾职责的重要内容和首要任务。为了最大限度地满足政府和社会各行业对地质灾害气象风险预警服务的需求,必须尽快建设上级指导、逐级订正反馈的集约化流程。由于州(市)、县两级科研力量相对薄弱,气象风险预警业务的开展存在较大困难。因此,以省级为主统筹研发科技支撑平台、下发指导产品,通过全省推广带动下级台站业务能力提升显得非常重要。云南省地质灾害气象风险精细化预警系统就是在这样背景和需求下由云南省气象台牵头开发。

　　云南省地质灾害气象风险精细化预警系统(以下称为"系统")的定位是省级地质灾害气象风险预警业务支撑平台并兼顾州(市)级业务服务需求。由于业务服务需要客观预警和主观订正共同协作完成。因此,该系统由具有客观预警功能的服务器端和具有主观订正功能的客户端构成。客观预警是主观订正的基础,是前期大量研究和分析得到的预警模型的业务应用过程;主观订正则为客观预警的后期补充,当客观降水预报出现失误或计算模型出现偏差的情况下,可由业务人员对预警和预报做出适当的主观调整。因此,系统开发既包括引入计算因子、进行阈值判断并形成客观预警产品的服务器端程序,又包括具有客观指导产品下载、交互订正、服务产品分发功能的应用客户端。

由于地质灾害发生机理的复杂性,灾害与降水参数之间不可能存在一个确切的临界值,但是,存在这么一个区间对应着地质灾害发生的可能性大小。因此,通过研究降水参数与地质灾害发生概率之间相关性,一定程度上可以提供较为可靠的预测信息,通过概率拟合技术可能得到较为合理的模型对应关系,继而提供地质灾害风险预警等级信息。前期研究模型中最重要的计算因子为长时序降水量,系统结构图中(图 6.1.1),该因子可从实况和预报中获得。实况雨量监测数据来源于面上分布不均匀的区域站点小时雨量观测值,降雨量客观预报数据则来自基于数值模式预报集成的定量降水预报产品。由于本系统生成的预警产品空间分辨率需求为 3 km×3 km,因此,实况降水和模式降水数据均需空间细化插值后,才能引入系统。然后再经过一系列综合雨量、雨强判别以及地质环境因子判别,得到最终客观预报预警产品。

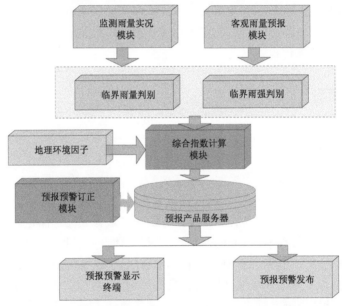

图 6.1.1　云南省地质灾害气象风险精细化预警系统结构图

系统开发考虑后期预报预警数据的实时应用和主观订正还引入了预报产品服务器。此服务器是产品的交换中心,预报员通过订正终端从服务器下载到数据产品,完成预警的最终订正后,产品又被传送回服务器提供各用户使用,此举可保证产品数据源统一,始终以一个数据对外服务,保持发布数据的一致性。

6.1.2　系统实现过程

系统主要由客观预警程序、订正终端程序、应用终端程序和服务器组成。从客观预警程序流程(图 6.1.2)可以看出,程序的主要任务是准备和处理各类数据并实时

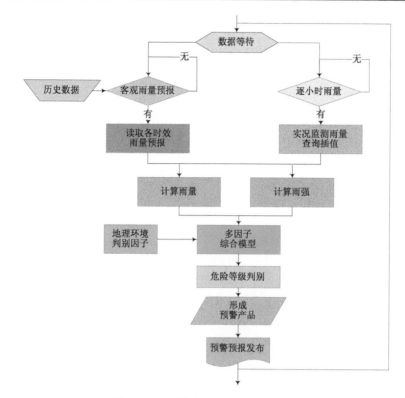

图 6.1.2　系统客观预警程序流程图

生成客观预警产品。由于预警结果关联到预警时刻前 10 日内长时效的降水数据,数据的完备性和数据精细化插值是系统正常运行的关键所在。除了实时预警产品外,系统需要提供 1 h、3 h、6 h、12 h 及 24 h 不同步长的预报产品,计算因子(综合日雨量和日雨强)均需从预报时效点开始进行反向 24 h 滚动统计。为了提高系统的运行效率,实现数据共用,系统流程中确定以最小时间步长(1 h)对监测实况数据进行查询和插值,形成小时实况精细化格点数据文件,为及时做好实况降水监测数据准备。当进入预报流程时,对预报数据准备情况进行检查,获取预报数据、监测数据和阈值计算判别参数,将数据导入综合计算模型,计算得出地质灾害气象风险等级判别,然后输出预报预警产品,并将流程转入绘图和客观产品发布过程。

　　订正终端程序的主要功能是对客观预警产品进行人为把关和交互订正(图6.1.3a),当数据服务器中被检索到有客观风险预报预警产品时,订正终端下载其产品并读入格点数据并进行图形显示,预报员可通过该客户端显示产品,有利于及时发现预警失误或与实际情况偏差较大的地方,并通过客户端订正工具对预警数据进行主观人工订正,且可将订正结果返回预报服务器中进行重新发布,保障地质灾害气象风险预警产品的可用性和稳定性。应用终端(图6.1.3b),只具备数据产品检索和预

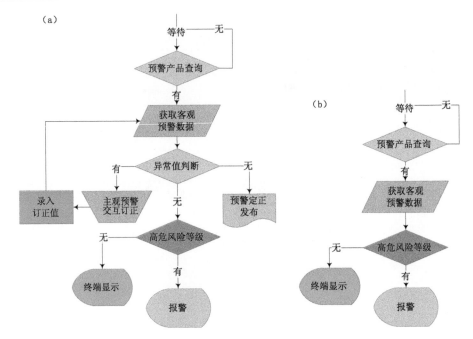

图 6.1.3　系统客户端程序流程图

(a)订正终端程序流程图(b)应用终端程序流程图

警图形显示功能,是订正终端的简化版本。

　　客观预警程序、订正终端程序、应用终端程序通过地质灾害气象风险精细化预警业务数据服务器进行数据交互。目前,最终数据产品仍然以文件形式存放,数据格式为 MICAPS 第 3 类数据,由系统直接产生,可通过预警订正和应用终端直接调用,或用通用程序查看。

6.1.3　系统产品

　　云南省地质灾害气象风险预警预报产品数据源主要来自区域站逐时实况降水资料和每日 08 时、20 时起报的 1 h、3 h、6 h、12 h、24 h 预报步长的模式降水预报。产品分为监测预警产品和预报产品,监测预警产品逐时滚动产生;预报产品则与模式降水预报的时效和预报步长对应,分别于每日 05:30 和 17:30 发布,起报时间分别为 08 时和 20 时,目前的发布时效为 1 h、3 h、6 h、12 h、24 h、48 h、72 h。产品空间分辨率为 3 km×3 km,预警、预报对象为分布于云南境内的 38099 个格点。产品以标准 MICAPS 第 3 类数据格式和 jpg 图形格式发布,数据产品由客观预警预报系统直接计算提供,图形产品则为由后台气象绘图系统 MSPGS 后期绘制产生。产品制作完成后通过 FTP 发布至云南省气象公共服务器。

　　数据产品由服务器端客观预警预报程序产生,数据可直接用于系统客户端进行编辑,也可通过 MICAPS 系统调用、显示。经过主观订正后的产品格式和文件名均与客观预报产品相同,若属地州产品,则格点范围被定义在相应地州的地域范围,且文件名加入地州代码以示与全省产品的区别。产品文件名命名规则具体如下:

(1)数据产品

预警产品文件名:SHDZ(CCCC)_JC_yyyyMMddHH.txt,预报产品文件名:SHDZ(CCCC)_YB_yyyyMMddHH_xx.FFF.txt。其中:SHDZ 为山洪地质灾害预报代码;CCCC:为可选项,是地名编码,全省产品则忽略,仅在地州产品中使用;JC:为监测预警产品指示码;YB:为预报产品指示码;yyyy:为年;MM:为月;dd:为日;HH:为小时;xx:为预报步长;FFF:为预报时效;txt:为产品后缀,是文本格式。

示例:SHDZ_JC_2013051807.txt 文件是 2013 年 5 月 18 日 07 时监测到的全省地质灾害气象风险预警文本产品;

SHDZ_YB_2013051808_24.024.txt 文件是 2013 年 5 月 18 日 08 时起报的 5 月 18 日 08 时—19 日 08 时全省地质灾害气象风险预报文本产品。

(2)图像产品

预警产品文件名:SHDZ(CCCC)_JC_yyyyMMddHH.jpg,预报产品文件名:SHDZ(CCCC)_YB_yyyyMMddHH_xx.FFF.jpg。编码说明同数据产品说明,仅在文件名后缀有差异。后缀 jpg:指的是 jpg 格式的图形文件。

示例:SHDZ_JC_2013051807.jpg 文件是 2013 年 5 月 18 日 07 时监测到的全省地质灾害气象风险预警图形产品;

SHDZ_YB_2013051808_24.024.jpg 文件是 2013 年 5 月 18 日 08 时起报的 24 h 预报时效(18 日 08 时—19 日 08 时)全省地质灾害气象风险预报图形产品。

6.2　系统开发

6.2.1　基础环境

本系统的开发基础是第 2 章介绍的地质灾害气象风险精细化预警模型。模型关键的计算数据为降水量实时观测资料和定量降水预报产品。实时数据有比较可靠的获取渠道——云南省预报信息数据库。该数据库建立在 Oracle 10g 平台上,已有比较健全的实时气象数据维护系统,并广泛应用于云南省各级台站气象业务服务。定量降水预报数据则来自于多种数值模式客观集成的定量降水预报产品(第 4 章介绍),也已在预报业务中稳定应用。稳定的数据来源,为本系统建立了较为良好的基础支撑。

MSPGS 是基于 ArcInfo 的后台气象制图系统(图 6.2.1),大量应用于云南省气象产品的绘制,输出产品图形非常美观、专业;可添制模版,构建新类型产品,且在定

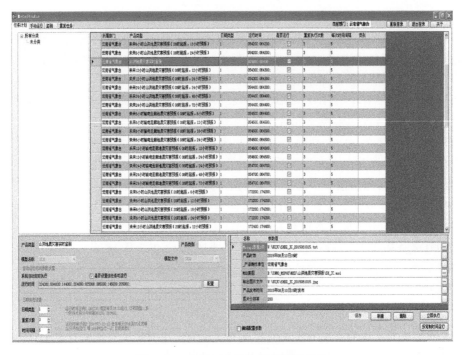

图 6.2.1　MSPGS 后台气象制图系统

制绘图计划后可长期稳定运行。MSPGS 的本地化应用为本系统后期制图提供了良好的图像产品制图环境。

　　MpFtp(图 6.2.2)是云南省气象台前期开发的气象资料 FTP 传输程序,应用于气象数据文件的 FTP 上传、下载,可定制实时传输方案,也大量应用于云南省气象台气象产品 FTP 下载或发布应用中。MpFtp 的业务应用为本系统客观预报、预警产品提供了良好的发布环境。

图 6.2.2　MpFtp 传输程序

前端数据、后端产品绘制系统以及发布程序为本系统开发建立提供了一系列完备的基础条件和良好的运行环境。本系统中对基础数据的共用,标准格式产品输出对专属程序重应用,也充分体现了气象数据和专业应用程序的集约。

6.2.2　开发技术简介

系统主要以 C♯为开发工具,应用 Oracle 数据访问组件 ODAC for. Net 连接气象信息服务数据库,采用 C/S 开发构架为系统工作模式。本系统所有产品均发布至云南省气象信息中心省地产品共享服务器并按要求上传国家气象局公共气象服务中心,所有传输流程均已纳入正常业务运行,网络畅通是保障客户端与产品服务器正常沟通的基础。

客户端开发地理信息显示处理模块,读取标准 SHP 文件以获取地理信息基础,以等经纬度投影方式,显示并叠加格点数据编辑层,并完成一系列的地图放大、缩小、移动和编辑等操作;编写 MICAPS 数据处理模块,完成 MICAPS 各类数据读写以及 MICAPS 数据与地图数据之间的转换;数据传输模块完成服务器端地质灾害预警预报产品 FTP 或共享下载并同时有重新发布功能。

客户端适用于各 Windows 操作系统版本,已经在 32 位 Windows XP、Windows 7、Windows 8 系统中通过测试,能正常运行于这些操作系统。

6.2.3　服务器端程序模块简介

(1)模型数据

根据地质灾害多因子综合计算模型,计算流程需要输入数据以雨量数据为主,数据成分如表 6.2.1 所示。表中预报雨量数据按照预报时间、时效、步长以 MICAPS 第 3 类数据文件形式提供,预报范围是云南境内,预报时效 0～72 h,预报步长为 1 h、3 h、6 h、12 h、24 h;实况数据从云南省气象台预报信息数据库获取,云南省有 2747 个区域自动雨量站(包括山洪站)和昆明城市雨量站、有 126 国家自动站,雨量数据形式为每站、每小时一个数据,在引入计算前需经过格点插值;地质灾害风险区划和计算判别临界值均通过参数文件提供,数据分辨率与预报文件相同。

表 6.2.1　系统数据

数据成分	数据形式	分辨率	提供方式
预报雨量	格点	3 km×3 km	预报文件
实况雨量	站点		数据库
地质灾害风险区划	格点	3 km×3 km	参数文件
临界值	格点	3 km×3 km	参数文件

模型中所有数据的计算步长均为 24 h,若所有引入数据均为实况降水时,计算

结果为监测预警等级；若引入包含预报雨量信息，计算结果则为相应时段的地质灾害预报等级。

（2）日综合雨量计算

综合雨量，计算需输入预报雨量和实况雨量数据，并引入前期格点参数化的衰减系数计算，再通过雨量临界参数定级。计算公式如下：

$$R_{日综} = R_0 + R_1 + R_2 + \sum_{i=3}^{n} \alpha^{i-2} R_i$$

式中 α 为衰减系数，R_i 为 24 h 预报或实况雨量值，$n=10$。

（3）雨强计算

雨强因子计算需要统计前 10 d 雨强日数及 24 h 雨强分布，并通过配置文件临界参数判别级别。临近 24 h 雨强根据无雨、小雨、中雨、大雨、暴雨以上降雨量级分别定制五个级别。前 10 d 雨强日数的定义为统计 10 d 内达到中雨量级以上的日数。

（4）地质灾害风险区划因子引入

地质灾害风险区划因子通过国土部门地质灾害风险区划成果进行数字化、栅格化处理后得到。该因子对于每站点为一定值，通过配置的地质灾害风险区划数据文件引入参与计算即可。

（5）综合计算模型

I＝区划等级＋综合雨量等级＋前 10 d 雨强数等级＋24 h 雨强等级

综合计算等级 I 和所有需要级别判断的因子均取 5 个级别，四个等级临界值区间由低至高对应相应的级别，1 级为最低级别，5 级为最高级别。考虑到编程的简便和函数的通用性，将数据做为由高至低的依次判断，配置文件数据也根据需要做相应的浮点类型规定，不考虑相等值比较，以大于等级值的级别作为等级赋值原则。不同级别中临界值相同的情况，以就高原则进行等级判断。

（6）客观预警程序

当前已经业务化的云南省地质灾害气象风险精细化预警系统（2.0）版本，客观预警程序（图 6.2.3）由 1 h 实况降水插值程序和客观预报预警程序构成。程序 24 h 运行，实时查询区域站降水并插值形成备用数据文件，并形成地质灾害预警产品。每日 05 时和 17 时引入格点降水预报，分别形成该日 08 时、20 时起报的不同时效地质灾害预报产品。

6.2.4 客户端软件

系统的客户端软件，是对云南省气象台发布的地质灾害气象风险预报进行客观修改订正的可视化编辑工具。主要开发了地图图层显示、图层加载及删除、地图放大、缩小、移动，地图要素选择、编辑、填色等控件。软件中各个控件的功能及用法在下一节软件使用说明中详细介绍。

图 6.2.3　客观预警预报系统界面

借助客户端软件可以对客观预警产品进行交互订正,修改后的图形和文本产品可以保存在本地目录或者直接上传到指定服务器,供地州使用。各地州也可以根据本地的实际情况,使用该软件编辑加工得到本地的地质灾害气象风险预警产品并开展服务。

6.3　客户端软件使用说明

6.3.1　程序路径

该软件为绿色软件,整体拷贝软件包即可执行。软件包文件夹存放路径没有特殊要求,用户可以根据需要存放即可(图 6.3.1),以下为软件包中各程序及文档说明:

ForecastEdit——为主执行程序;

Map——地图路径。所有地图文件存放点。程序运行不可缺少(手工创建);

Temp——预报载入和编辑路径。程序运行不可缺少(程序可自动新建);

Help.pdf——帮助文档;

Transfer.xml——配置文件。保存程序所有上传及下载路径信息。程序运行不可缺少;

Users.xml——配置文件。保存程序所有用户信息。程序运行不可缺少;

ReserveFile——预报预备文件。当被预报路径不通,预报文件未制作时,新建预报时使用。程序运行不可缺少;

clftp. dll——Ftp 传输 dll。程序运行不可缺少;

UpfrontAnalysis1. pdf——前期研究文档(灾害个例收集及特征分析);

UpfrontAnalysis2. pdf——前期研究文档(地质灾害风险区划);

UpfrontAnalysis3. pdf——前期研究文档(临界雨量和雨强研究);

UpfrontAnalysis4. pdf——前期研究文档(预警模型建立);

UpfrontAnalysis5. pdf——前期研究文档(产品类型)。

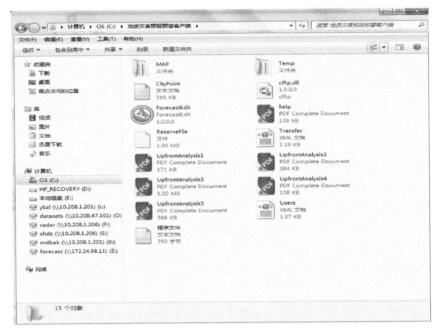

图 6.3.1　云南省地质灾害气象风险精细化预警系统客户端文件路径

6.3.2　主界面功能区说明

单击或双击 ForecastEdit 图标,即可启动云南省地质灾害气象风险精细化预警系统客户端。系统启动后,主界面包括标题栏、工具栏、图层控制窗口、图形显示窗口和状态栏等五个部分(图 6.3.2)。其中,标题栏和状态栏主要是系统使用过程中相关附属信息的显示,不存在交互操作,只有图层控制窗口、工具栏和图形显示窗口需要用户配置、点击等操作。由于图层控制窗口使用比较简单,用户根据需要通过在相应图层中勾选或取消即可进行底图的叠加显示或隐藏。因此,接下来主要对工具栏的功能和图形显示窗口交互操作(图像编辑)进行详细说明。

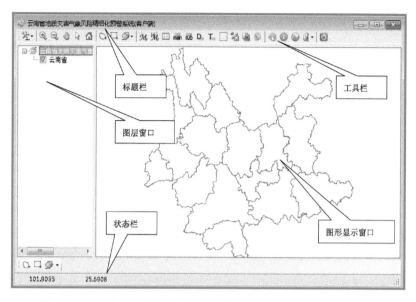

图 6.3.2　云南省地质灾害气象风险精细化预警系统客户端主界面

6.3.3　工具栏说明

当用户把鼠标箭头移到工具栏上的某图标时,在鼠标旁边将出现小窗口显示该图标的简要说明。基本工具按钮工具条有 23 个工具按钮(图 6.3.3),分别是:

T_1 🛠 :工具选择,设置传输配置和登录编辑;

T_2 🔍 :地图放大;T_3 🔍 :地图缩小;

T_4 ✋ :地图移动;T_5 🔺 :指针;

T_6 🏠 :全视窗,放大、缩小或移动后还原;

T_7 ⬡ :多边形选择,修改图时用它来选择区域;

T_8 ⬚ :矩形选择,修改图时用它来选择区域;

T_9 ⬭ :预报等级编辑,有五个等级,颜色从白到红;

T_{10} M_b :读取预报文件;T_{11} M_b 保存预报文件;

T_{12} 🗒 :标注图例,单击可以隐藏或显示图例;

T_{13} man :标注标题,单击可以隐藏或显示主标题;

T_{14} ⬛ :标注副标题,单击可以隐藏或显示副标题;

T_{15} ⬛ :标注预报发布时间,单击可以隐藏或显示发布时间;

T_{16} ⬛ :标注预报发布单位,单击可以隐藏或显示发布单位;

T_{17} ⬛ :标注边框,单击可以隐藏或显示边框;

T_{18} ⬛ :保存当前图像,把图像保存在安装目录的 Temp 下;

T_{19} ⬛ :批量图处理,可以一次打开多个文本,显示图形;

T_{20} ⬛ :预报发布,修改后的图形文本可以发送到指定的目录;

T_{21} ⬛ :云南地质灾害预警研究文档,可以打开查看安装目录下的 5 个前期研究文档(灾害个例收集及特征分析、地质灾害风险区划、临界雨量和雨强研究、预警模型建立和产品类型);

T_{22} ⬛ :运行帮助,可以打开查看帮助文档;

T_{23} ⬛ :退出程序。

图 6.3.3 系统工具栏

下面详细介绍一下几个相对重要的工具按钮:

打开工具选择 T_{24} ⬛ 的下拉菜单,有两个选项分别是"传输配置"和"登陆编辑"(图 6.3.4a)。通过"传输配置"可以添加下载(download)产品或上传发送产品(upload)传输项,注意传输配置中只允许配置一个下载(download)项,但可以配置多个上传(upload)项,单击"传输配置",就显示"传输配置—数据下载 & 发送信息配置"窗口(图 6.3.4b)。下面给出设置下载路径(download)和上传(upload)项的例子。

在本例中下载路径(download)设置为云南省气象台的山洪地质数据产品目录:shdz(\10.208.1.206\DZYB\)(注:用户可以根据自己的实际情况按照该步骤设置一个下载路径(download)目录。

单击"项目增加",在"传输类型"下拉菜单中选择"COPY"和 "download",在"项目名称"中输入"山洪地质数据产品目录(10.208.1.206)",在"远程路径"里输入"\10.208.1.206\SHDZ",在"是否有远程相对路径"打钩,并在"远程相对路径"里输入".. \SHDZ\x1 小时\",在"文件名模式"里输入"SHDZ(CCCC)_YB_yyyyMMddHH_xx.FFF.txt"后,选"保存到文件",就可以在"传输项目"列表中看到:山洪地质数据

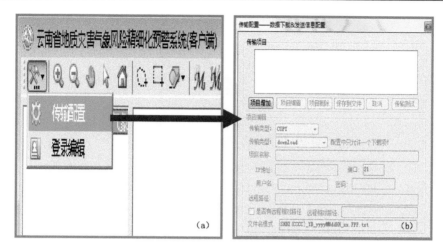

图 6.3.4　传输配置

产品目录(10.208.1.206)，这样一个下载目录(download)就设置好了(图 6.3.5a)，点击保存到文件，就出现"保存提示"窗口(图 6.3.5b)点击"传输测试"，可以测试设置是否成功(图 6.3.5c)。选中传输项目后可以对相应的传输项目进行"项目编辑"和"项目删除"等操作，重新启动系统，设置生效(图 6.3.5d)。

图 6.3.5　下载目录(download)的设置

设置上传产品（upload）项目，步骤与设置下载（download）一样，只是"传输类型"选择"COPY"和"upload"（图 6.3.6a），如果是传送到 FTP，"传输类型"就要分别选择"FTP"和"upload"（图 6.3.6b）。

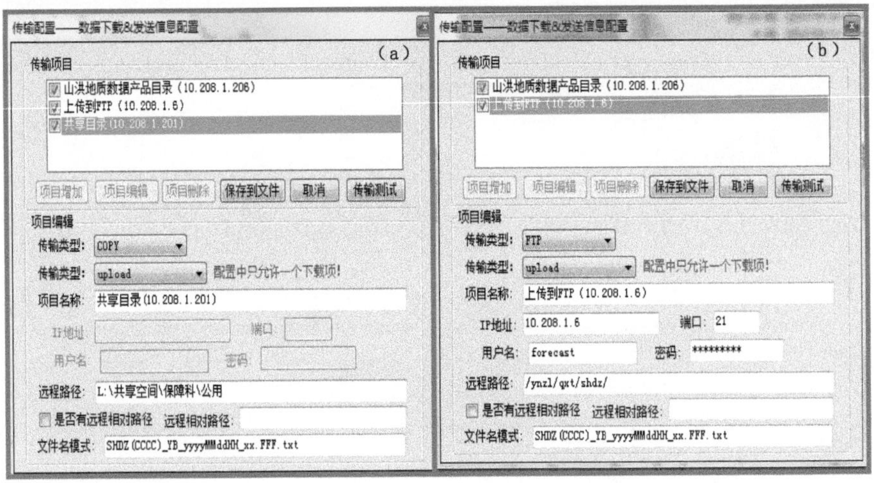

图 6.3.6　上传发送目录（upload）的设置

打开工具选择 T_{25} ⚙ 的下拉菜单，单击"登录编辑"，可以编辑您所在的地区，如在下拉菜单中选择"云南省"，就会弹出一个"退出提示"窗口，提示：登录配置修改，需要重新启动程序让配置生效！是否退出程序？选"是"后，窗口关闭，再重新启动后登录配置生效（图 6.3.7a），若选择"怒江州"，重启后就是怒江州的界面，其他地州设置类似（图 6.3.7b）。

6.3.4　图形编辑

前面已经设置过下载产品（download）路径为：山洪地质数据产品目录（10.208.1.206），利用 T_{26} 𝓜 读取预报文件，可以任意选择预报时间（×年×月×日）、预报时次（08、20 时）、预报步长（1 h、3 h、6 h、12 h 和 24 h）和预报时效（1 h 至 168 h）（图 6.3.8），读入数据文件后就可以进行图形显示、编辑并保存修改后的图像和数据文件。注：实际业务中地质灾害气象风险的预报时效只取到 72 h，后面时效的误差较大。

下面以 2014 年 8 月 21 日 08 时起报的未来 24 h 的云南省地质灾害气象风险等级预报为例。单击 T_{27} 𝓜，出现"选择编辑预报文件"的窗口，选择预报时间（2014 年 8 月 21 日）、预报时次（08 时）、预报时效（24 h）和预报步长（24 h）后，点击"确定"（图 6.3.9a），就会弹出"读入 2014 年 8 月 21 日 08 时 24 小时（24 h 步长）预报！"的窗口，点击"确定"（图 6.3.9b），在云南省地质灾害预报编辑的图形显示窗口里，就显示出云南

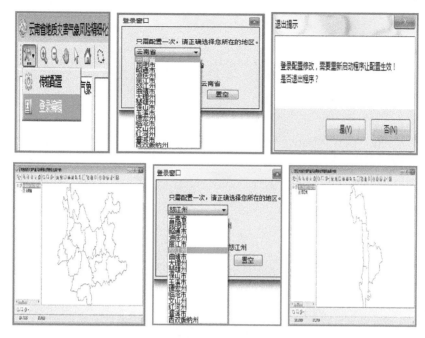

图 6.3.7　登录编辑

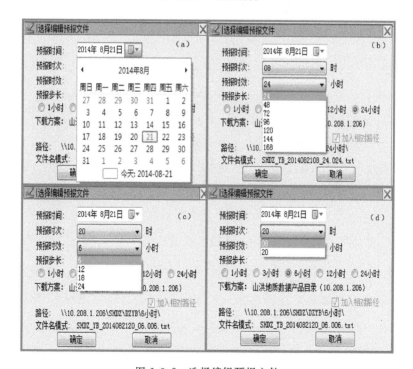

图 6.3.8　选择编辑预报文件

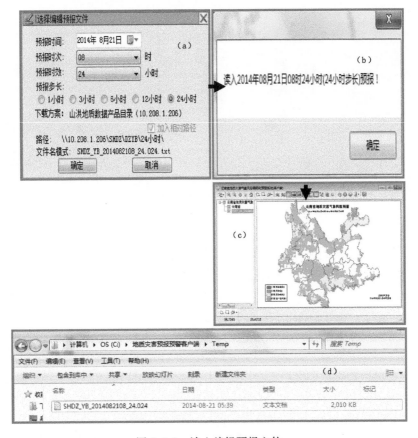

图 6.3.9　读入编辑预报文件

省地质灾害气象风险预报(2014 年 8 月 21 日 08 时—2014 年 8 月 22 日 08 时)图(图
6.3.9c),并且在本地目录下地质灾害预报预警客户端的临时文件(c:\地质灾害预报预
警客户端\Temp\)里读入了 2014 年 08 月 21 日 08 时发布的 21 日 08 时—22 日 08 时
24 h 山洪地质灾害等级预报文本(SHDZ_YB_2014082108_24.024)(图 6.3.9d)。

　　对图形显示区的云南省地质灾害气象风险预报图形就可以用 T_{28} 🔍放大、T_{29} 🔍
缩小、T_{30} ✋移动和编辑修改。其中,编辑修改工具可以用 T_{31} ⬭多边形选择和 T_{32}
▭矩形选择后,用 T_{33} ◈预报等级编辑来显示不同级别的颜色。操作如下:

　　首先,用 T_{34} ⬭多边形选择画出一个多边形右键选定就出现一个浅蓝色区域
(图6.3.10a)。其次,在 T_{35} ◈预报等级编辑的下拉菜单中选择等级(此例中选了 1
级),选择好的区域就填上了红色(1 级)(图 6.3.10b),相应文本里也自动由原来的 5
级(图 6.3.10f)变为 1 级(图 6.3.10g),用 T_{36} 💾保存预报文件,就会提示:SHDZ_

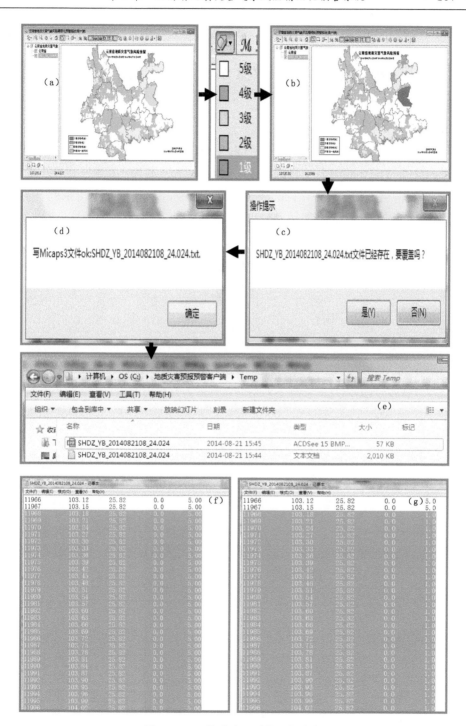

图 6.3.10　修改读入后的预报文件

YB_2014082108_24.024.txt 已经存在,要覆盖吗? 点"确定"(图 6.3.10c)后,就弹出:写 Micaps 文件 ok:SHDZ_YB_2014082108_24.024.txt,点"确定"(图 6.3.10d)。这样修改过图形和文本就保存在本地安装目录下的临时文件里,即 c:\地质灾害预报预警客户端\Temp\,就可以在 Temp 下查看修改出来图的效果(图 6.3.10e)。(T_{37} ▭ 矩形选择操作也是一样的)

单击 T_{38} 🖼 预报发布(图 6.3.11a),就会把改过的文本上传到前面设置好的目录下:上传到 FTP(10.208.1.6)/ynzl/qxt/shdz/和共享目录(10.208.1.201) L:\共享空间\保障科\公用\(图 6.3.11b、c、d)。因为修改后的图形保存出来的是点状填图,图形不够清晰,采用云南省气象台出图系统(MSPGS)(图 6.3.11e)调用改过的文本就可以画出效果清晰的图(图 6.3.11f),修改时还可以用放大工具 T_{39} 🔍 把图放大后再修改可以使图看上去更自然逼真(图 6.3.11g)。

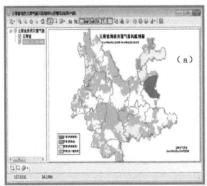

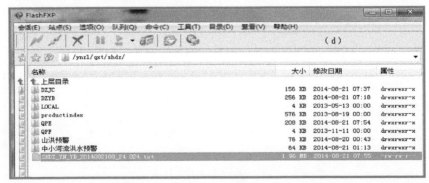

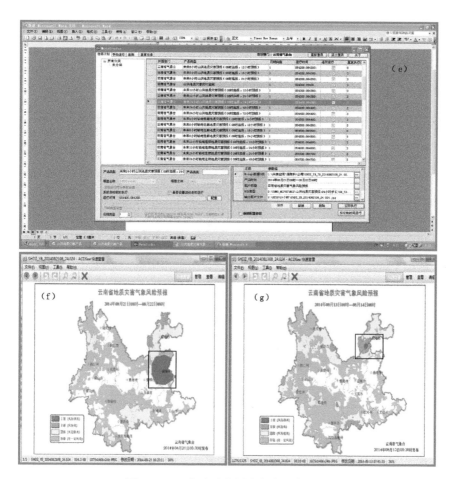

图 6.3.11 修改过的图形文本再次出图

同样,修改地州的地质灾害气象风险预报的步骤和方法也是一样的,只是把登录窗口配置为所在的地州,如怒江州。读入云南省地质灾害气象风险预报后就只显示怒江州地质灾害气象风险预报,图题和发布单位分别自动更改为怒江州地质灾害气象风险预报、怒江州气象台。修改后保存的数据也只有怒江州范围,最后采用云南省气象台出图系统(MSPGS)调用改过的文本就可以画出效果清晰的怒江州地质灾害气象风险预报图(图 6.3.12)。

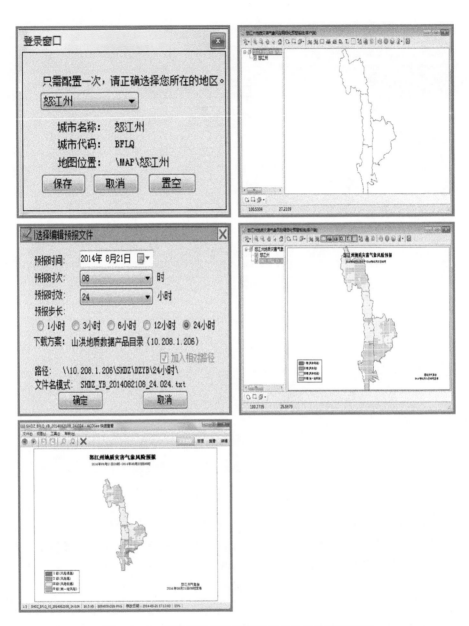

图 6.3.12 编辑怒江州的地质灾害气象风险等级预报

第7章　地质灾害气象风险预警业务产品检验

将云南省地质灾害气象风险精细化预警技术研究成果及时投入业务应用是开展本研究的最终目的。通过地质灾害气象风险实时预警情况还可以客观地反映预警技术的优劣。本章介绍了在云南省地质灾害气象风险精细化预警技术研究成果支撑下云南省省级地质灾害气象风险预警业务开展的概况，重点对近三年重大地质灾害过程气象风险预警产品进行了检验和评价。客观地反映云南省地质灾害气象风险精细化预警技术的业务应用情况和在地质灾害专业防治中发挥的重要作用。

7.1　云南省省级地质灾害气象风险预警业务概况

云南省地质灾害气象风险精细化预警系统经过前期测试并于 2012 年 6 月 1 日投入云南省气象台业务试运行。在该系统支撑下，云南省气象台制订了《云南省气象台暴雨诱发中小河流洪水、山洪和地质灾害气象风险预警业务规范》，正式建立了省级地质灾害气象风险预警业务，实时向下级台站发布地质灾害监测、指导预报产品。通过 2012 年业务试验，对系统稳定性、产品质量、业务流程进行了完善。自 2013 年5 月 1 日开始，云南省气象台正式开展地质灾害气象风险预警业务，实时向国家局公共气象服务中心和州（市）气象局发布相关产品。每日 5:30 和 17:30 发布预警产品，起报时间分别为 08:00 和 20:00。预报时效 0～72 h，0～24 h 内时间间隔:1 h、3 h、6 h、12 h、24 h；24～72 h 内时间间隔:24 h。预警产品空间分辨率 3.0 km×3.0 km。地质灾害气象风险等级按 4 级划分，即Ⅳ级（蓝色，有一定风险）、Ⅲ级（黄色，风险较高）、Ⅱ级（橙色，风险高）、Ⅰ级（红色，风险很高）。预警产品以标准 MICAPS 第三类数据格式和 JPG 图形格式发布，数据产品由云南省地质灾害气象风险精细化预警系统直接计算提供，图形产品则借助云南省气象台出图系统（MSPGS）绘制产生。制作完成产品通过 FTP 自动发布至云南省气象局产品服务器。当预报或遇有重大降水过程、重大地质灾害发生时，及时组织相关州（市）会商，提供预警服务指导。完善省级地质灾害气象风险预警服务流程和防御联动机制，承担省级层面的地质灾害气象风险预警与服务。

借助气象部门灾情收集上报系统，及时收集整理地质灾害灾情资料。并与云南省国土资源厅地质环境监测院定期共享灾情及效益反馈情况。针对重大地质灾害事件和区域性强降水过程进行风险等级指标的合理性分析,并进行风险预警的命中率、漏报率统计检验,为预警服务总体情况评估提供依据。按要求填报《气象灾害风险预警服务业务监督检查表》,并建立山洪地质灾害气象风险预警服务效益评估机制。针对各年度出现的强降水过程,及时撰写气象灾害风险预警服务效益评估报告和年度服务评估报告上报管理部门。

7.2　预警产品检验方法

由于地质灾害灾情信息收集能力严重不足,能够收集到的灾情一般是造成道路、桥梁、建筑物等损坏或人员伤亡的个例,其他大量发生在山区或没有造成经济损失、人员伤亡的灾情无法收集到,这就给地质灾害预警产品的定量检验带来很大困难。因此,地质灾害的检验与评估主要以强降水过程、造成人员伤亡和重大损失的案例为主。在业务应用中,地质灾害的检验对象主要包括预警级别合理性的定性评价及灾害命中率、漏报率等定量评价。

风险预警准确率用命中率和漏报率表示,检验时以县为单位(一个县视作一次),如果预警中提及的县出现了灾害,则视为正确,否则为空报;如果没有预警而实况出现了灾害则视为漏报:

命中率：
$$TS = \frac{NA}{NA + NB} \times 100\% \qquad (7.2.1)$$

漏报率：
$$PO = \frac{NC}{NA + NC} \times 100\% \qquad (7.2.2)$$

式中 NA 为风险预警服务产品发布正确的次数、NB 为风险预警服务产品发布空报次数、NC 为风险预警服务产品发布漏报次数。

预警服务效果的检验以降水过程评价为主,如果某次降水过程中开展了气象灾害风险预警服务,预警等级的演变趋势与降水发展趋势基本吻合,并且实况也出现了滑坡、泥石流、崩塌等灾害或者地方相关部门收到预警后采取了有关避灾救灾措施等,则评价该降水过程的风险预警服务效果好。

7.3　2013 年地质灾害气象风险预警检验

7.3.1　地质灾害预警概况

据国土部门统计,2013 年云南省 4—10 月共发生地质灾害 415 起,从引发因素定性看自然因素导致 395 起、人为因素导致 20 起;从灾害级别上看,特大型 5 起、大型 2 起、中型 27 起、小型 381 起。其中,滑坡 242 起、泥石流 68 起,死亡 23 人,受伤

31 人,失踪 3 人,直接经济损失 37497.28 万元。2013 年地质灾害及人员伤亡情况较往年总体偏轻。4—10 月期间成功预报地质灾害 26 起,搬迁避让人员 1067 人,避免人员伤亡 659 人,避免直接经济损失 1934 万元。从地质灾害气象风险等级预报的角度对国土部门收集上报的地质灾害案例进行了定性检验,根据发生的灾情,反查是否有预报(有等级预报认为正确,无等级预报认为漏报),预警产品命中率达到 97.2%,漏报率 2.8%。针对 2013 年雨季强降水引发的地质灾害过程,选取 4 个典型过程进行预警可靠性分析。

7.3.2　2013 年 6 月 9—10 日滇中地区泥石流过程

(1)灾情概况

6 月 9—10 日,玉溪市红塔区大营街发生泥石流灾害,造成 29 人因灾转移,倒塌房屋 4 间,农作物受灾面积 46.67 hm²,经济损失 10 万元。6 月 10 日,楚雄州牟定县新桥镇新桥村委会麦冲小组发生泥石流灾害,因灾转移 15 人。

(2)过程雨情

6 月 9 日 08 时—10 日 08 时,受冷空气和西南暖湿气流的共同影响,云南省中部一带出现强降水天气过程。全省县级台站中,共出现暴雨 14 站,大雨 32 站,中雨 26 站,小雨 49 站。大雨、暴雨主要出现在中部和东南部地区,呈西北-东南向带状分布。其中,楚雄州牟定县降水量达到暴雨级别,为 79.1 mm,玉溪市红塔区降水量为中雨量级,为 18.3 mm(图 7.3.1a)。前 10 d(5 月 30 日 08 时—6 月 9 日 08 时)累计降水量主要出现在滇东北和滇西南地区,而滇中、滇西北和滇东南前期累计降水较少(图 7.3.1b)。

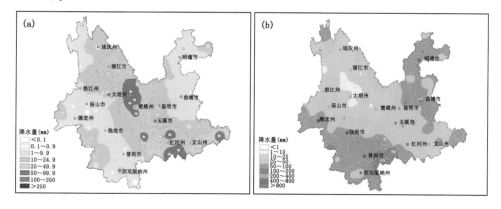

图 7.3.1　云南省降水量实况图

(a)2013 年 6 月 9 日 08 时—10 日 08 时;(b)5 月 30 日 08 时—6 月 9 日 08 时

从区域自动站观测看,6 月 9 日 08 时—10 日 08 时,牟定县新桥镇达到大暴雨量级,为 167.5 mm,从 6 月 9 日 13 时—10 日 13 时的逐小时降水来看,除了 9 日 18—

20 时无降水外,其余时刻均有降水,降水持续时间较长,降水最强时段为 9 日 21 时—10 日 05 时,最大小时降水出现在 9 日 22 时,小时降水量达 62.1 mm,达到短时强降水标准(图 7.3.2a)。该站的前 10 d 累计降水不明显,仅为 9.4 mm,前期累计降水贡献较小。红塔区大营街在此次过程中出现大雨量级降水,24 h 累计雨量为 31.1 mm。小时降水量不大,但是持续 12 h(9 日 16 时—10 日 03 时)均有降水(图 7.3.2b)。另外,该站前十天累计降水量相对明显,为 40.5 mm。综合分析,9—10 日的局地强降水引发了楚雄州牟定县新桥镇发生泥石流灾害。而玉溪市红塔区大营街的泥石流灾害则是由于前期降水与 9—10 日持续性降水共同作用所引发。

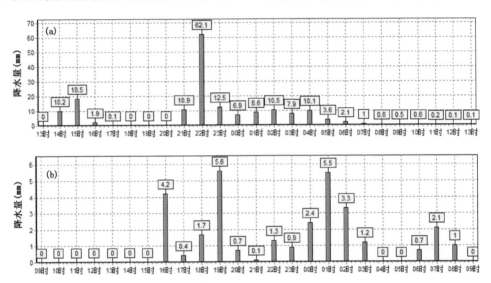

图 7.3.2　楚雄州牟定县新桥镇 6 月 9 日 13 时—10 日 13 时(a)和玉溪市红塔区大营街 6 月 9 日 09 时—10 日 09 时(b)逐小时降水实况图

(3)地质灾害气象风险预警及服务情况

针对此次过程,6 月 7 日 16 时云南省气象台决策气象服务中心报送省委、省政府《专题气象服务》材料,"预计 6 月 9—11 日云南省将自北向南出现一次中到大雨局部暴雨的强降水天气过程,各地需加强防范强降水引发的洪涝、滑坡、泥石流等灾害"。6 月 8 日,云南省气象台再次对外发布强降水天气消息,准确预报了滇中及滇东南大雨、暴雨落区。

6 月 9 日 05 时,云南省气象台发布 9 日 08 时—10 日 08 时云南省地质灾害气象风险预报:金沙江流域、红河流域地质灾害气象风险等级高,其中昭通市、昆明市北部、玉溪市南部、楚雄市北部、红河州西部、德宏州西部 II 级—I 级(图 7.3.3)。预报玉溪市红塔区大营街的地质灾害气象风险等级为 IV 级(有一定风险),楚雄州牟定县新桥镇的地质灾害气象风险等级为 III 级(风险较高)。在预警及各类服务材料警示下,各地加强雨情监测及灾害联防,玉溪市红塔区、楚雄州牟定县针对地质灾害险情及时组织人员转移,避免了更大的人员伤亡和财产损失。

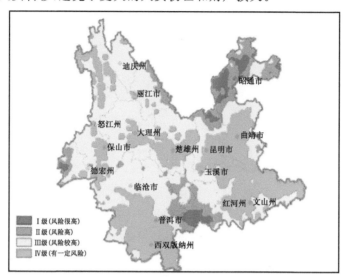

图 7.3.3 　云南省气象台发布 9 日 08 时—10 日 08 时地质灾害气象风险预报

7.3.3 　2013 年 6 月 25—27 日曲靖市罗平县地质灾害过程

(1)灾情概况

2013 年 6 月 25—27 日,曲靖市罗平县出现持续性强降水过程。其中 26 日大部乡镇出现大到暴雨。罗平县阿岗镇和马街镇发生房屋倒塌,造成 3 人死亡。

(2)过程雨情

2013 年 6 月 25 日 08 时—27 日 08 时,受冷锋切变影响,滇中及以东地区出现强降水天气过程。其中最大降水中心出现在曲靖南部的罗平县,25 日 08 时—26 日 08 时,罗平县出现大雨,降水量为 31.4 mm,离灾害发生地最近的罗平县阿岗镇和马街镇降水分别为 36.2 mm、39.6 mm(图 7.3.4a)。26 日 08 时—27 日 08 时,罗平县出现暴雨,降水量为 128 mm,离灾害发生地最近的罗平县阿岗镇和马街镇降水分别为 90.5 mm、72.2 mm(图 7.3.4b)。25 日 08 时—27 日 08 时,共出现两次强降水时段,分别是 25 日 20 时—26 日 08 时和 26 日 17 时—27 日 01 时(图 7.3.5),阿岗镇和马街镇在第一次强降水期间小时最大雨量分别为 18.5 mm、12.3 mm,第二次小时最大雨量分别为 23.3 mm、20.8 mm,均达到短时强降水的标准。从前 10 d(6 月 15 日 08 时—25 日 08 时)累计降水量分析,罗平县阿岗镇为 4.5 mm,马街镇为 19.4 mm,前期降水不明显。综合来看,由于罗平县阿岗镇和马街镇在 6 月 25—27 日期间连续出现强降水,引发此次房屋倒塌灾害。

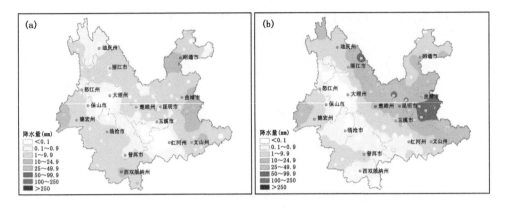

图 7.3.4　云南省降水量实况图

(a)6 月 25 日 08 时—26 日 08 时;(b)6 月 26 日 08 时—27 日 08 时

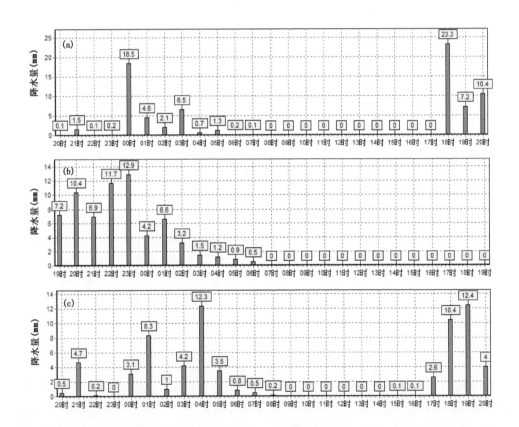

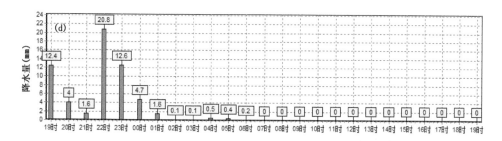

图 7.3.5　25 日 20 时—27 日 19 时曲靖市罗平县阿岗镇(a、b)和马街镇(c、d)逐小时降水实况图

(3)地质灾害气象风险预警及服务情况

云南省气象台 6 月 26 日 05:30 发布地质灾害气象风险预报:26 日 08 时—27 日 08 时,昭通市南部、曲靖市北部和东部、昆明市北部和丽江市东部地质灾害气象风险等级为 III－II 级(图 7.3.6)。其中,罗平县阿岗镇和马街镇地质灾害气象风险等级为 III 级(风险较高)。由于前期降水不强,罗平县的地质灾害风险等级在降水初期并不高,随着降水过程的发展风险明显增大,在该区域预报了 III 级(风险较高),对此次强降水过程可能引起的地质灾害有很好的预警作用。当然,由于乡村群众防灾措施有限,还是出现了一定数量的人员伤亡事故。

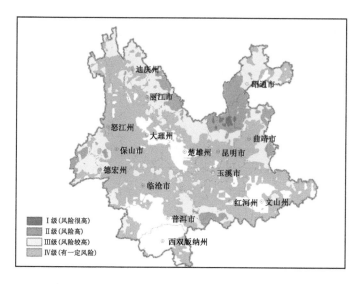

图 7.3.6　云南省气象台发布 26 日 08 时—27 日 08 时地质灾害气象风险预报

7.3.4 2013 年 7 月 18 日昭通市大关县地质灾害过程

(1)灾情概况

2013 年 7 月 17 日 20 时—18 日 08 时,云南省昭通市大关县境内遭暴雨袭击。其中吉利镇暴雨,高桥镇、木杆镇特大暴雨,导致民房、公路、水利、通信、电力等设施严重受损(图 7.3.7)。据统计,暴雨造成吉利镇 2 人死亡、5 人受伤、2 人轻伤,全县 1.5 万户近 5 万余人受灾。此次灾害还造成农作物受灾 20500 余亩*,房屋受损 406 户 1725 间,县、乡镇、村公路挡墙垮塌 510 余处 6 万余立方米,路基下沉 480 余处 9.2 余万立方米,洪水冲毁路面 300 余 km,山体滑坡导致交通阻塞 160 余处 8 余万立方米。虎跳石电站 4 号机组、凉水沟、小河、关河电站严重受损,4 个乡镇 28 个村 9600 户农户停电。

图 7.3.7 昭通市大关县关高线路面受损情况(a)和寿山镇新街村山洪现场(b)

(2)过程雨情

7 月 17 日 20 时—18 日 08 时的强降水天气过程期间,云南省昭通市大关县及以北地区处于滇缅高压和副热带高压之间的辐合区,南方暖湿气流和北方南下的冷空气交汇形成了区域性暴雨天气(图 7.3.8a)。大关县境内高桥镇、木杆镇和吉利镇都出现了短时强降水(图 7.3.8b)。此次过程的强降水中心位于大关县境内的高桥镇和木杆镇,12 小时降水量分别为 180.1 mm、150.0 mm,达到特大暴雨级别,吉利镇 71.6 mm,达到大暴雨级别。此次强降水过程后期雨区继续自北向南发展,先后导致昭通、丽江、昆明等地区发生了严重的洪涝、滑坡、泥石流等地质灾害。

---

* 1 亩=1/15 hm²。

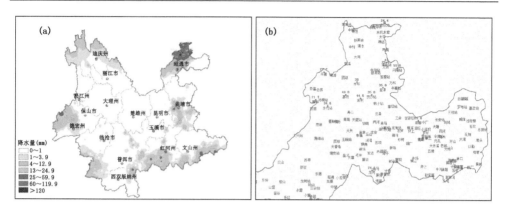

图 7.3.8　云南省 2013 年 7 月 17 日 20 时—18 日 08 时区域自动站降水实况（a）和
昭通地区短时强降水（b）分布

　　从过程期间昭通市大关县高桥镇、木杆镇和吉利镇逐小时降水实况分布（图
7.3.9）可以看出,高桥镇和木杆镇的强降水时段都是 17 日 23 时—18 日 04 时,共持

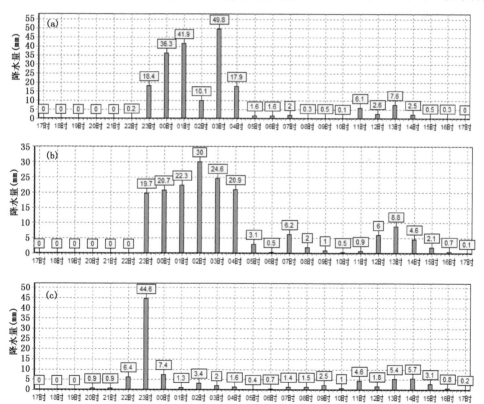

图 7.3.9　2013 年 7 月 17 日 17 时—18 日 17 时昭通市大关县高桥镇（a）、木杆镇（b）和
吉利镇（c）逐小时降水实况图

续了 6 h。其中,高桥镇最大小时降水量出现在 18 日 03 时,为 49.8 mm,其次是 18 日 01 时(41.9 mm)和 18 日 00 时(36.3 mm),该站在短时间内多次出现短时强降水;木杆镇从 17 日 23 时—18 日 04 时连续 5 h 出现短时强降水,最大小时降水量出现在 18 日 02 时,为 30.0 mm,其次是 18 日 03 时(24.6 mm)、18 日 01 时(22.3 mm)、18 日 00 时(20.7 mm)和 17 日 23 时(19.7 mm)。吉利镇最大小时降水量出现在 17 日 23 时,为 44.6 mm,超过短时强降水标准。高桥镇、木杆镇和吉利镇前 10 d (7 月 07 日 20 时—17 日 20 时)有一定的累计降水量,分别为 88.1 mm、63.8 mm 和 95.5 mm。综合分析,由于大关县高桥镇、木杆镇和吉利镇前期有一定降水,土壤含水量已达到饱和,加上 7 月 17 日 20 时—18 日 8 时的暴雨降水天气过程,引发此次严重的山洪泥石流灾害。

(3)地质灾害气象风险预警及服务情况

针对此次降水过程,云南省气象台提前 3 d 做出准确预报,于 7 月 16 日发布重要天气消息,制作《专题气象服务》材料报省委、省政府及有关部门,材料中强调:"预计 7 月 18—21 日我省将出现一次中到大雨局部暴雨的强降水天气过程,各地需加强防范强降水引发的洪涝、滑坡、泥石流等灾害"。随后的过程服务中,云南省气象台实时发布了 6 批次地质灾害气象风险预警产品,预警产品表现了较好的针对性。7 月 17 日 17:30 发布地质灾害气象风险预报(图 7.3.10):17 日 20 时—18 日 20 时,昭通市、红河州西南部、普洱市北部、保山西部、德宏和丽江等地(州)地质灾害气象风险等级为 III—II 级(风险较高)。其中,昭通市大关县地质灾害气象风险等级为 II 级(风险高)。预警级别、落区与灾情实况有较好的对应关系,对大关县境内的地质灾害、洪

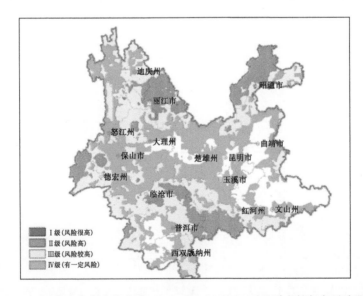

图 7.3.10 云南省气象台发布 17 日 20 时—18 日 20 时地质灾情气象风险预报图

涝做到了准确预警。当然也存在不足之处,比如哀牢山附近的预警级别偏高,可能存在一定的空报。总体看,地质灾害气象风险预警产品为政府和各防汛部门提前采取措施做好防灾减灾、趋利避害提供了重要的指导信息,充分展现了"防灾减灾、气象先行"的良好服务形象。

7.3.5　8 月 24—25 日热带风暴"潭美"影响下云南强降水过程

（1）灾情概况

2013 年 8 月 24—25 日,滇南及滇东北地区出现大到暴雨天气。8 月 24 日夜间,强降水造成红河县浪堤乡浪堤村委会马龙下水沟村一房屋倒塌,屋内两人被埋,1 人死亡,1 人受伤。8 月 25 日 17 时许,昭通市永善县团结乡大毛村发生山体滑坡,造成2 人死亡、5 人受伤、6 辆车辆受损。

（2）过程雨情

受热带低压"潭美"西移影响,2013 年 8 月 24—25 日云南出现了一次全省性的大雨天气过程（图 7.3.11）。滇南及滇东北地区出现大到暴雨,滇中地区出现中雨局部大雨。从出现地质灾害的昭通市永善县团结乡和红河县浪堤乡降水情况看,降水时段主要集中在 24 日 20 时—25 日 20 时,降水量分别为 72.9 mm、56.5 mm,均达到暴雨量级。从 24 日 20 时—25 日 20 时永善县团结乡（图 7.3.12a）和红河县浪堤乡（图 7.3.12b）的逐小时降水看,小时降水量并不大,以稳定性持续降水为主。其中,团结乡降水持续时间较长,22 h 均有降水;浪堤乡 24 日 22 时出现相对较明显的降水,为 18 mm,之后停顿了 2 h,从 25 日 01 时开始,持续 16 h 都有降水。从前 10 d（8 月 14日 08 时—24 日 08 时）的累计降水量看,团结乡和浪堤乡前期均有较明显的降水,分别为 54.2 mm、73.8 mm。综合分析,由于永善县团结乡和红河县浪堤乡前期有一定降水,土壤含水量趋于饱和,在 24—25 日过程持续降水作用下,引发此次泥石流灾害。

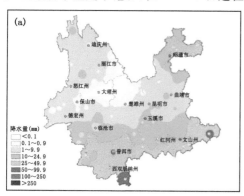
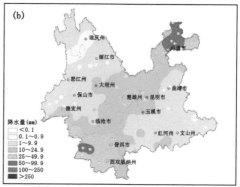

图 7.3.11　云南省降水量实况图

（a）2013 年 8 月 24 日 08 时—25 日 08 时;（b）2013 年 8 月 25 日 08 时—26 日 08 时

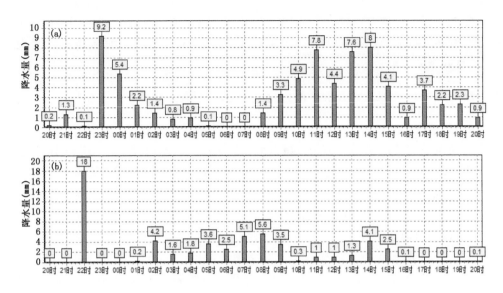

图 7.3.12　2013 年 8 月 24 日 20 时—25 日 20 时永善县团结乡(a)和
红河县浪堤乡(b)逐小时降水实况图

（3）地质灾害气象风险预警及服务情况

8 月 22 日 16 时,云南省决策气象服务中心向省委、省政府及相关部门报送《专题气象服务》材料,明确指出:"受减弱的"潭美"低压影响,预计 8 月 24—25 日,滇中及以南以东地区将出现一次强降水天气过程,其中昭通、曲靖、昆明、楚雄南部、文山、红河、玉溪、普洱、西双版纳、临沧、保山、德宏阴有中到大雨局部暴雨,局地伴有雷电、大风、短时强降水等强对流天气,各地需加强防范强降水引发的洪涝、滑坡、泥石流等灾害"。8 月 24 日 5:30 发布地质灾害气象风险预报(图 7.3.13a);24 日 08 时—25 日 08 时,预报昭通北部、文山东部和红河等州(市)地质灾害气象风险等级为 III—II 级(风险较高)。预报团结乡和浪堤乡地质灾害气象风险等级为 III 级(风险较高)。伴随滇东北和滇南降水加强,25 日 5:30 发布地质灾害气象风险预报(图 7.3.13b);25 日 08 时—26 日 08 时,昭通北部、红河、普洱和临沧等州(市)地质灾害气象风险等级不断升高。预报团结乡和浪堤乡地质灾害气象风险等级为 II 级(风险高)。过程期间,云南省气象台实时、滚动发布的地质灾害气象风险预警准确预报了团结乡和浪堤乡的地质灾害。

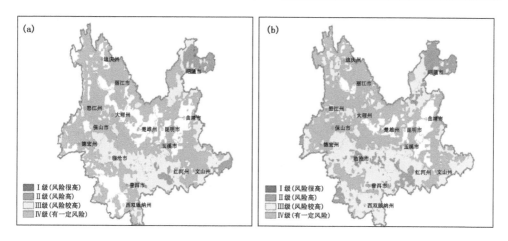

图 7.3.13　云南省气象台发布地质灾害气象风险预报

(a)8 月 24 日 08 时—25 日 08 时；(b)8 月 25 日 08 时—26 日 08 时

7.4　2014 年地质灾害气象风险预警检验

7.4.1　地质灾害预警概况

2014 年云南省强降水过程较多，暴雨、大暴雨站数偏多。从国土部门收集到的灾情看，4—10 月共发生地质灾害 642 起。从引发因素定性看，自然因素导致 538 起、人为因素导致 104 起；从灾害级别上看，特大型 11 起、大型 6 起、中型 28 起、小型 597 起。其中，滑坡 480 起、泥石流 72 起，受灾 2.19 万人，死亡 83 人、失踪 37 人，受伤 60 人，直接经济损失 9.95 亿元，灾害造成的死亡失踪人数和直接经济损失高于近 10 年同期。4—10 月成功预报地质灾害 34 起，搬迁避让人员 1064 人，避免人员伤亡 871 人，避免直接经济损失 2240 万元。从地质灾害气象风险等级预报的角度对国土部门收集上报的地质灾害案例进行了定性检验，根据发生的灾情，反查是否有预报（有等级预报认为正确，无等级预报认为漏报），命中率 95%，漏报率 5%。针对 2014 年雨季由强降水引发的地质灾害过程，选取了四个典型过程进行分析。

7.4.2　2014 年 5 月 10 日怒江州福贡县泥石流过程

（1）灾情概况

受持续降水影响，5 月 10 日，云南省怒江州福贡县境内多处发生洪涝、滑坡、泥石流灾害。特别是 10 日 08 时左右，因暴雨天气造成福贡县上帕镇腊吐底河暴涨，引发山洪、泥石流地质灾害，造成房屋损毁 14 栋，冲毁河桥 2 座、碎石厂 2 家、腊吐底河电站被淹、冲毁防洪江堤 325 m，江西片区电力中断。此次福贡山洪泥石流灾害地质灾害造成基础设施、农业、工矿和家庭财产等经济损失共计18279万元。由于气象部门监测预警预报准确及时,当地政府部门应急响应迅速,连夜转移安置人民群众近600人,在这次严重的自然灾害中没有发生人员伤亡。

(2)过程雨情

受西南暖湿气流的影响,2014年5月7—10日怒江州中部及以北地区出现了连续强降水天气。7日08时—10日08时,福贡县测站3天累积降水为167.7 mm,离上帕镇比较近的几个区域自动站都观测到强降水。其中,鹿马登(164.6 mm)、赤恒底(168.6 mm)、腊马洛(147.1 mm)、达普洛(156.4 mm)、施底(236.0 mm)。降水最强时段为9日08时—10日08时,福贡县测站出现大暴雨天气(111.2 mm),离上帕镇灾区比较近的几个区域自动站,鹿马登(92.9 mm)、赤恒底(99.7 mm)、腊马洛(84.4 mm)、达普洛(93.1 mm)、施底(142.6 mm)均出现了暴雨(图7.4.1a)。具体分析强降水期间的逐小时降水(图略),福贡县测站和各区域自动站均未出现小时降水量≥20 mm的短时强降水,但是降水持续时间很长、一直没有间隙,此次过程属于稳定持续性降水。从前10 d(4月27日08时—5月7日08时)的累计降水情况来看(图7.4.1b),怒江州福贡县累积降水并不是很明显。综合分析,此次山洪泥石流灾害主要是由于前三天连续稳定性降水累积作用下发生,最后一天的暴雨天气起到了推波助澜作用。

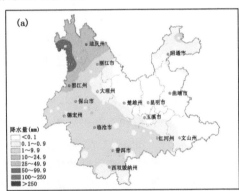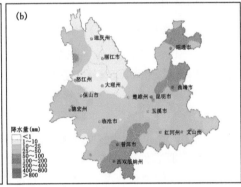

图7.4.1 云南省降水量实况图

(a)2014年5月9日08时—10日08时;(b)2014年4月27日08时—5月07日08时

(3)地质灾害气象风险预警及服务情况

云南省决策气象服务中心2014年5月6日向省委、省政府及相关部门报送《专题气象服务》材料,指出"近期云南省将出现明显降水过程,滇中及以东以南和怒江中北部地区陆续进入雨季。"怒江州气象局和福贡县气象局分别在7日和8日下午向当地党委、政府及应急办报送了强降雨天气预测,并通过手机短信、电视天气预报、电子显示屏等多渠道发布灾害防御信息。怒江州气象台于2014年5月9日15:30发布第一期暴雨蓝色预警。5 日 9 时 17：30，云南省气象台发布 9 日 20 时—10 日 20 时地质灾害气象风险预报（图 7.4.2a）：昭通、怒江和德宏西部地质灾害气象风险等级为 Ⅲ—Ⅱ 级，气象风险较高。其中，怒江州的福贡和贡山风险等级为 Ⅱ 级（风险高）。从 10 日 08 时的地质灾害风险实时监测预警图（图 7.4.2b）上，也显示了福贡地质灾害气象风险等级为 Ⅱ 级（风险高），预报与实况一致。

　　在这次强降水天气过程中，云南省、州、县气象局加强会商，密切监视天气和气象灾害，及时报送气象预报专题、预警信息及雨情，为防灾减灾、抢险救灾提供及时的气象信息和准确的决策服务。同时加强部门联防联动，与水务、国土等部门互通信息，联合应对灾害。由于气象预报准确、预警及时，当地政府部门应急响应迅速，避险抢险救灾措施得力，此次重大气象灾害中没有造成人员伤亡。

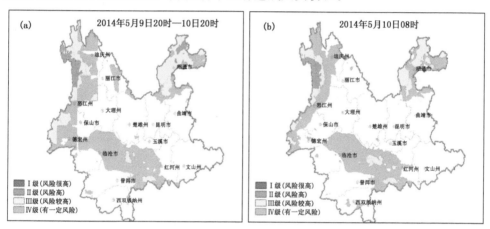

图 7.4.2　云南省气象台发布地质灾害气象风险预报（a）和监测图（b）

7.4.3　2014 年 7 月 6—7 日丽江永胜及昭通鲁甸泥石流过程

　　（1）灾情概况

　　7 月上旬云南多地出现强降水，山洪、滑坡泥石流灾害频发。其中，7 月 6 日 22 时左右，丽江市永胜县东山乡东山村李子坪村民小组突发山洪泥石流灾害，造成 2 人死亡，3 人失踪。7 月 7 日 07 时，昭通市鲁甸县龙头山、乐红等镇发生泥石流灾害。灾害造成 6789 人受灾，4 人死亡、5 人失踪、8 人受伤，直接经济损失 385.5 万元（图略）。

　　（2）过程雨情

　　7 月 6 日 08 时—7 日 08 时，丽江南部、昭通西南部、德宏西部出现了大到暴雨，局部大暴雨天气（图 7.4.3a）。其中，丽江市永胜县东山乡降水量为 73.7 mm；昭通市鲁甸县乐红镇 73.2 mm、龙头山 88.2 mm，在灾害发生时段附近都出现了暴雨天气。从前 10 天(6 月 26 日时—7 月 6 日 08 时)的累计降水实况图(图 7.4.3b)可以看出,丽江市东南部的累计降水都在 100~200 mm 之间,永胜县东山乡前十天的累计降水为 138.1 mm。昭通市鲁甸县乐红镇和龙头山镇在前期也出现了明显降水,累计降水分别为 143.4 mm、107.5 mm。

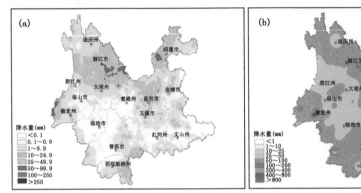
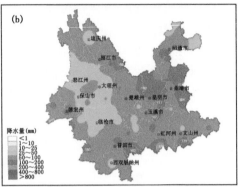

图 7.4.3　云南省降水量实况图

(a)2014 年 7 月 6 日 08 时—7 日 08 时;(b)2014 年 6 月 26 日 08 时—7 月 6 日 08 时

从永胜县东山乡逐小时降水(图 7.4.4a)来看,东山乡 6 日 22 时开始有降水,6 日 23 时,东山乡出现了短时强降水,一小时降水量达 44.6 mm。从鲁甸县乐红镇和龙头山镇逐小时降水(图 7.4.4b、图 7.4.4c)来看,降水时段主要在 6 日 13 时—7 日 06 时,共持续了 16 h,强降水时段为 6 日 22 时—7 日 01 时降水量,乐红镇小时最大降水在 7 日 01 时为 15.7 mm(该站虽然小时最大雨量值不大,但有 3 h 雨量在 10 mm 以上);龙头山镇在 6 日 23 时出现了短时强降水,为 31.8 mm。

综合分析,永胜县东山乡、鲁甸县乐红镇和龙头山镇均是前期出现明显降水,此次过程中出现的短时强降水进一步诱发了泥石流灾害。前期降雨和临近强降水均在这次地质灾害过程中起了重要作用。

(3)地质灾害气象风险预警及服务情况

云南省气象台 2014 年 7 月 5 日 17:30 发布的未来 48 小时(6 日 20 时—7 日 20 时)云南省地质灾害气象风险预报,预警丽江东部、昭通南部、德宏西部等地地质灾害气象风险等级为 III 级局部 II 级,风险较高(图略)。6 日 5:30 发布的未来 24 小时(6 日 08 时—7 日 08 时)云南省地质灾害气象风险预报,丽江东部、昭通南部地区风险等级上升为 II 级,地质灾害气象风险高(图 7.4.5a)。6 日 17:30 继续发布未来 24 小时(6 日 20 时—7 日 20 时),金沙江流域地质灾害气象风险等级较高,且范围有扩大趋势。丽江市永胜县、昭通市鲁甸县地质灾害气象风险等级仍为 II 级,地质灾害气象风险高(图 7.4.5b)。从 6 日 22 时的地质灾害风险实时监测图也可以看出,永胜县东山乡地质灾害风险等级为 III 级,预报与实况基本一致(图 7.4.5c)。7 日 07 时的

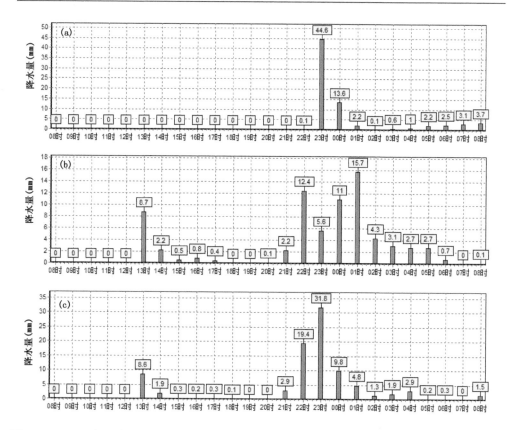

图 7.4.4　2014 年 7 月 6 日 08 时—7 日 08 时东山乡(a)、乐红镇(b)和龙头山镇(c)逐小时降水实况

地质灾害风险监测图上显示,鲁甸县龙头山镇、乐红镇地质灾害气象风险等级为Ⅱ级,地质灾害气象风险高,预报与实况一致(图 7.4.5d)。从地质灾害气象风险预警产品检验看,连续多期的预警产品均显示丽江市永胜县、昭通市鲁甸县地质灾害气象风险等级高,为避免更大的伤亡起到了重要的警示作用。遗憾的是,由于永胜县东山乡、鲁甸县龙头山镇和乐红镇灾情非常严重,还是出现了人员伤亡。通过对灾点附近预警情况及灾情的对比分析表明,云南省气象台发布的地质灾害气象风险预警产品确实具有较好的指导性和针对性。

7.4.4　2014 年第 9 号台风"威马逊"影响下云南强降水过程

(1)灾情概况

2014 年 7 月 19—23 日,受第 9 号强台风"威马逊"登陆后减弱的热带低压影响,云南中南部出现连续暴雨过程并伴随局地强对流天气,造成德宏、保山、临沧、普洱、西双版纳、红河、文山、玉溪、曲靖等 9 个州(市)54 个县 170.4 万人受灾、37 人死亡、9 人失踪、28883 人紧急转移安置。农作物受灾 100.2 千公顷,房屋倒塌 892 户 2705

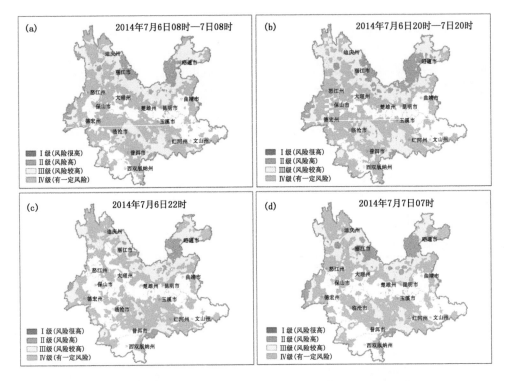

图 7.4.5　云南省气象台发布地质灾害气象风险预报(a、b)和监测图(c、d)

间,直接经济损失 26.6 亿元。其中,7 月 21 日 06 时左右,暴雨导致德宏州芒市芒海镇昌尹村委会户那村民小组发生泥石流灾害,造成 17 人死亡、3 人失踪、7 人受伤(图略);21 日 11 时,玉溪市元江县咪哩乡甘岔村委会陆家店村民小组发生山体滑坡及泥石流地质灾害,导致 5 人死亡,部分公路中断,电力设施损毁。21 日 16 时,因山洪暴发造成芒市芒海镇五岔路乡 2 人死亡;7 月 23 日 10 时,因房屋后山土坎倒塌、冲垮围墙,导致梁河县芒东镇 1 人死亡。

(2)过程雨情

2014 年第 9 号强台风"威马逊"登陆后,其外围云系于 7 月 19 日开始影响云南(19 日 17 时开始出现明显降水)。20 日 04 时左右低压中心进入云南省境内,云南于20—22 日连续出现暴雨天气过程,强降水区主要出现在云南南部、西部边缘地区。滇中以南地区普遍出现暴雨、大暴雨天气(其中屏边站和宁洱站日降水突破了历史极值)。其中,20 日云南出现大暴雨 2 站、暴雨 8 站、大雨 25 站;21 日出现大暴雨 5 站、暴雨 16 站、大雨 24 站;22 日出现大暴雨 1 站、暴雨 10 站、大雨 13 站。滇中以南大部地区连续出现大暴雨、暴雨天气,其中 21 日屏边站(107.2 mm)和宁洱站(183.4 mm)日降水突破了历史极值,是近 5 年来影响云南造成降水最强的一次台风低压。7 月 19 日 17 时—23 日 08 时,累计雨量 100 mm 以上的落区分布在德宏南部、保山南部、临沧、普洱、西双版纳北部、红河南部、文山南部(图 7.4.6a)。有两个站累计雨量超过 250 mm(江城 304.2 mm、屏边 280.9 mm),100～250 mm 的有 25 站,50～100 mm 的有 40 站,25～50 mm 的有 34 站,10～25 mm 的有 17 站。据乡镇自动站监测,有 42 个站累计雨量超过 250 mm,最大为沧源县新芽村 400.5 mm,100～250 mm 的有 630 站,50～100 mm 的有 730 站,25～50 mm 的有 672 站,10～25 mm 的有 427 站。前 10 d(7 月 9 日 08 时—19 日 08 时)全省的累积降水均在 50 mm 以上,特别是德宏东部、保山大部、普洱南部、红河南部、曲靖东南部、昭通东部等地累积降水量都在 100 mm 以上(图 7.4.6b)。综合分析,因为前期降水量多,导致山洪和滑坡、泥石流等灾害风险加大。紧接着受到减弱的台风低压西行影响,7 月 19 日 17 时—23 日 08 时,滇中以南大部地区出现暴雨、大暴雨天气,持续、大范围的强降雨天气进一步诱发山洪、滑坡、泥石流等灾害在多个州市的集中爆发。

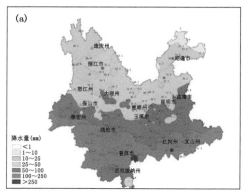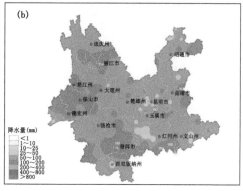

图 7.4.6　云南省降水量实况图

(a)2014 年 7 月 19 日 17 时—23 日 08 时;(b)2014 年 7 月 9 日 08 时—19 日 08 时

(3)地质灾害气象风险预警及服务情况

针对此次强降水天气过程,云南省气象局于 7 月 16 日报送了题为"台风'威马逊'将于 19 日下午开始影响云南南部需提前做好防范准备"的《重要信息专报》,向省委、省政府及相关部门提前进行了过程趋势预报服务。过程期间云南省气象台及时发布暴雨蓝色预警 2 次、连续发布地质灾害气象风险预警近 10 期,对此次强降水过程进行了周密的跟踪服务。

从地质灾害气象风险预警情况看,因为前期出现明显降水,云南省气象台 7 月 19 日 5:30 发布的未来 24 h 云南省地质灾害气象风险预报,金沙江流域、怒江流域、红河流域地地质灾害气象风险等级为 Ⅲ 级局部 Ⅱ 级,风险较高(图 7.4.7a)。随着台风低压西移,考虑到云南南部地区将出现强降水,7 月 20 日 5:30 发布的未来 24 小时云南省地质灾害气象风险预报,红河流域及哀牢山沿线的地质灾害气象风险增加,红河南部、玉溪西南部、普洱东部地质灾害气象风险等级为 Ⅱ 级,风险高;另外,曲

靖南部、文山的地质灾害气象风险等级为Ⅲ级局部Ⅱ级,风险较高(图7.4.7b)。随
着暴雨区向西移动,滇西地区的地质灾害气象风险也逐步增大,怒江、保山、德宏地质
灾害气象风险等级为Ⅱ级,风险高;红河南部、玉溪西南部、普洱等地仍维持较高的
地质灾害气象风险等级(图7.4.7c、图7.4.7d)。过程期间,出现严重地质灾害的几
个县市都预报处了较高的风险等级。其中,芒市芒海镇地质灾害风险等级为Ⅲ－Ⅱ
级(风险较高),五岔路乡地质灾害风险等级为Ⅱ级(风险高),梁河县芒东镇地质灾害
风险等级为Ⅱ级(风险高),元江县咪哩乡地质灾害风险等级为Ⅱ级(风险高)。预警
等级与实况发生的落区分布有很好的对应关系。

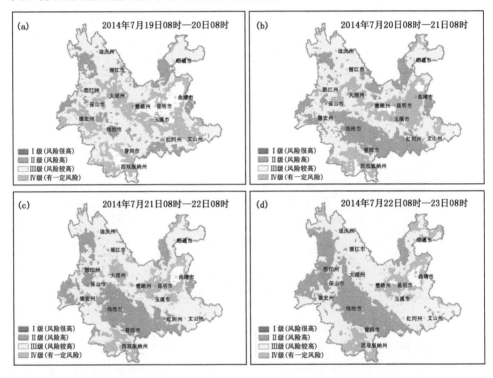

图 7.4.7　云南省气象台 2014 年 7 月 19—21 日发布地质灾害气象风险预报

　　对于此次持续暴雨过程,由于提前预报并及时预警,相关信息在电视、网站、微
博、手机短信、电子显示屏等渠道广泛发布。仅公众接收预警短信人数达7341561人
次。另外,中国气象频道字幕滚动播出以及云南卫视关注天气和昆明台天气风行标
等节目第一时间向社会发布灾害性天气预警消息。气象预报预警服务在暴雨及山
洪、地质灾害的有效防范和降低灾害损失方面发挥了重要作用,得到了各级政府和广
大人民群众的认可。其中,普洱市共转移和安置受灾群众10662人。曲靖市共安置
转移人口2144人,未造成人员伤亡或失踪。临沧市共转移安置14574人。文山州转
移人口980人,解救洪水围困群众3570人,避免人员伤亡23起1520人。

7.4.5　2014 年 8 月 27 日鲁甸地震灾区强降水过程

（1）灾情概况

2014 年 8 月 3 日 16 时 30 分,在云南省昭通市鲁甸县(北纬 27.1 度,东经 103.3 度)发生 6.5 级地震,震源深度 12 km,累计发生余震 1335 次。截至 2014 年 8 月 8 日 15 时,地震共造成 617 人死亡,其中鲁甸县 526 人、巧家县 78 人、昭阳区 1 人、会泽县 12 人;112 人失踪,3143 人受伤,22.97 万人紧急转移安置。地震还造成牛栏江流域发生山体塌方,形成红石岩堰塞湖,严重威胁下游人民的生命财产安全。8 月 3 日 18:50,云南省气象台启动地震灾害 Ⅱ 级应急响应,8 月 4 日 10:50,云南省气象台提升地震灾害 Ⅱ 级应急响应为 Ⅰ 级响应。云南省台的工作也进入应急状态,加强短时临近预报,密切注意震区及堰塞湖沿线的天气状况,做好抗震救灾的保障服务工作。由于震区地质条件已经非常脆弱,8 月 27 日到来的强降水过程进一步加剧了滑坡、泥石流灾害的风险。如何保障灾区有效避免新的伤亡和损失便显得尤为重要。

（2）过程雨情

8 月 26—28 日,受冷锋切变及副高外围气流影响,昭通中部及以南地区出现明显的降水过程,正处在应急救援阶段的鲁甸灾区也出现了中到大雨局部暴雨。降水最强的时段为 26 日 20 时—27 日 20 时(图 7.4.8),鲁甸县城降雨量为 44.9 mm,震中的龙头山镇降雨量 32.4 mm、火德红镇降雨量 23.3 mm。相对于日常降雨情况,

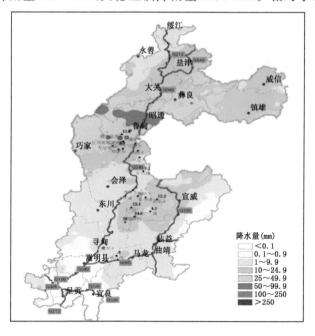

图 7.4.8　鲁甸震区 2014 年 8 月 26 日 20 时—27 日 20 时降水量实况图

此次降水过程的强度并不算很大,但由于震区山高坡陡,地震对原有的地表、植被造成了非常严重的破坏,土体稳定性明显失衡,即便是中到大雨的降水过程也对鲁甸震区的救灾道路及安置区灾民构成了巨大的次生灾害风险。

(3)地质灾害气象风险预警及服务情况

"8·3"鲁甸地震发生后,针对关键的应急保障任务和严峻的防灾减灾形势,省台严密监视预报鲁甸震区每一次降水,积极主动与国土部门加强预警会商,实时制作和发布震区地质灾害气象风险预警产品,震区全网发布地质灾害气象风险预警短信13期,为确保震后不发生造成人员伤亡的次生灾害服务做出了积极贡献,受到了省委、省政府和抗震救灾应急指挥部的通报表扬。

具体分析此次降水过程期间的地质灾害气象风险预警产品可以看出:降水过程开始前,预报 24 日 20 时—25 日 20 时震区中心附近地质灾害气象风险为Ⅳ级,有一定的风险。预警等级综合考虑了滇东北地区地质环境脆弱程度及前期降水相对较弱情况(图 7.4.9a)。伴随冷锋切变和副高外围气流共同影响,震区开始出现降水,预报 25 日 20 时—26 日 20 时震区地质灾害气象风险为Ⅲ级,风险较高(图 7.4.9b)。从 26 日夜间开始震区降水增加,震区地质灾害气象风险等级持续升高,预报 26 日 20 时—27 日 20 时震区地质灾害气象风险Ⅱ级,风险高(图 7.4.9c)。27 日 20 时—28 日 20 时降水强度有所减弱,但考虑降水持续且前期累积降水已比较多,继续预报震区地质灾害气象风险Ⅱ级,小部分地区Ⅲ级(图 7.4.9d)。综合来看,云南省气象台发布的地质灾害气象风险预警产品能很好地反映地震灾区的降水过程趋势及地质脆弱情况,在震区应急保障服务中发挥着重要的科技支撑作用。

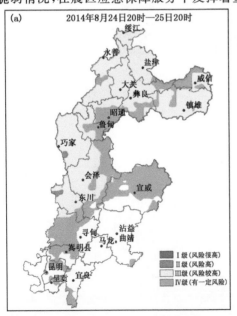

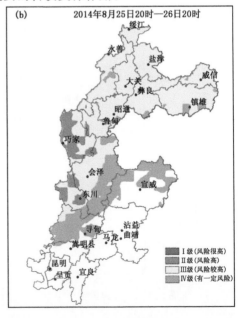

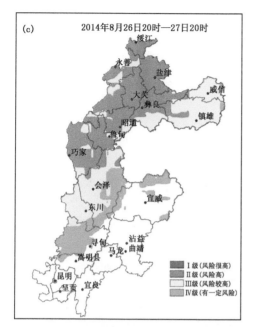
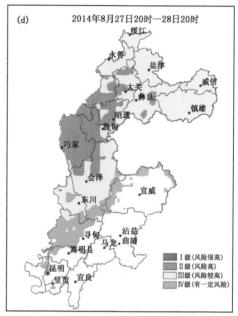

图 7.4.9　云南省气象台发布 2014 年 8 月 24 日 20 时—28 日 20 时震区地质灾害气象风险预报

7.5　2015 年地质灾害气象风险预警检验

7.5.1　地质灾害预警概况

根据国土部门收集的灾情,2015 年 4—10 月云南省共发生地质灾害 497 起。从引发因素定性看,自然因素导致 490 起、人为因素导致 7 起。从灾害级别上看,特大型 3 起、大型 6 起、中型 28 起、小型 460 起。其中,滑坡 311 起、泥石流 99 起,受灾 22340 人,死亡 26 人,受伤 18 人,直接经济损失 31941.83 万元。成功预报地质灾害 41 起,搬迁避让人员 4104 人,避免人员伤亡 2966 人,避免直接经济损失 8823 万元。从预报地质灾害气象风险等级的角度对国土部门收集上报的地质灾害案例进行了定性检验,根据发生的灾情,反查是否有预报(有等级预报认为正确,无等级预报认为漏报),命中率 95.9%,漏报率 4.1%。针对 2015 年雨季由强降水引发的地质灾害过程,同样选取了 4 个典型过程进行分析。

7.5.2　2015 年 7 月 22—25 日云南强降水天气过程

(1)灾情概况

2015 年 7 月 22—25 日,受冷空气和西南暖湿气流的共同影响,云南省自北向南出现一次中到大雨局部暴雨天气过程。强降水天气引发丽江、德宏、保山、临沧、普洱、西双版纳等州(市)发生城镇内涝、山洪、地质灾害。其中,23日01时左右,丽江市永胜县大(厂)华(坪)线 K13－K18(灰坡路段)多处发生大面积塌方及泥石流,致使道路中断(图7.5.1a)。24日09时,普洱市澜沧县雪林乡永广四组2名村民在永广村与大芒令交界处的布朗河被突然上涨的河水冲走。24日17时30分红河州元阳县分沙拉托乡牛倮村委会新寨村出现山体滑坡,造成161人受灾,倒塌房屋4间,家庭财产损失50万元,总直接经济损失50万元。25日12时56分梁河县河西乡光坪锡矿三车间矿洞出现塌方(图7.5.1b)。

图 7.5.1　丽江市永胜县(a)和德宏州梁河县(b)塌方现场

(2)过程雨情

2015年7月22—25日,受冷空气和西南暖湿气流共同影响,云南省自北向南出现一次中到大雨局部暴雨天气过程。其中,22—23日连续2d出现大雨天气过程。7月22日08时—25日08时,云南省125个县级台站中累计雨量为100～250 mm的有6站,50～100 mm的有21站,25～50 mm的有47站,10～25 mm的有46站。据乡镇自动站监测,过程最大雨量为西双版纳州勐海县勐混镇263.4 mm,累计雨量为100～250 mm的有148站,50～100 mm的有530站,25～50 mm的有1040站,10～25 mm的有673站。强降水区主要出现在云南中部及西南部地区,累计雨量100 mm以上的站点主要分布在德宏、保山西部、临沧、普洱、西双版纳等地(图7.5.2a)。从前期降水量统计看,滇中以西地区前10 d(12日08时至22日08时)累计降水都在50 mm以上。其中,滇西南地区累计降水量都在100 mm以上,局地200 mm以上(图7.5.2b)。因此,前期已经出现明显降水的滇西地区,在22—25日强降水过程的诱发下,丽江、德宏、保山、临沧、普洱、西双版纳等州(市)相继发生了不同程度的山洪及地质灾害。

(3)地质灾害气象风险预警及服务情况

针对此次强降水天气过程,云南省气象台在7月17日制作的《天气周报》中明确指出:7月22—24日我省自北向南将有一次中到大雨局部暴雨天气过程,其余时段

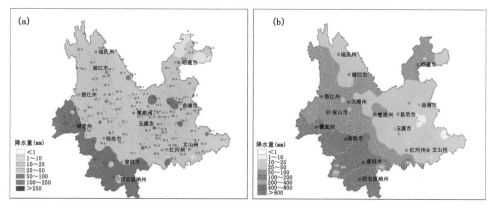

图 7.5.2　云南省降水量实况图

(a)7 月 22 日 08 时—25 日 08 时；(b)7 月 12 日 08 时—22 日 08 时

我省西部、南部多降雨天气。各地需加强防范强降水可能造成的山洪、滑坡、泥石流等灾害，并注意防御城乡内涝。在后续服务中持续发布地质灾害气象风险预警产品，根据风险等级发展情况云南省气象局分别于 7 月 23 日 16:30 和 24 日 16:30 与云南省国土资源厅联合发布了云南省地质灾害气象风险 II 级预警：受持续强降水影响，预计未来 24 h 云南西南部及南部地质灾害气象风险等级较高，其中德宏、保山、临沧、普洱、西双版纳、红河南部灾害气象风险等级高（II 级）。上述地区易出现滑坡、泥石流和崩塌等地质灾害，请有关单位和人员做好防范准备。并通过手机短信、广播电台八个频率、报纸、网站、影视等渠道发布了预警信息。由于预报服务及时准确，相关部门及公众提前作了抗灾准备，危险地区及时转移安置了人员，有效地减少了灾害造成的损失及人员伤亡。其中，德宏州紧急转移安置受灾群众 61 人，普洱市转移和安置受灾群众 38 人，临沧市紧急转移安置人员 1747 人。

　　具体分析此次降水过程期间的地质灾害气象风险预警产品可以看出：由于前 10 d(12 日 08 时至 22 日 08 时)降水主要分布在滇东北、滇中以西地区，特别是滇西南地区。21 日 08 时—22 日 08 时，地质灾害气象风险等级较高的地区主要分布在昭通、怒江、德宏、保山、临沧、普洱北部、红河南部(图 7.5.3a)。伴随强降水落区向滇西南移动，22 日 08 时—24 日 08 时，滇中以西地区的地质灾害气象风险等级不断上升，气象风险较高局部地区风险高(图 7.5.3b、图 7.5.3c)。由于降水持续且前期累计雨量较大，24 日 08 时—25 日 08 时，滇中以西以北地质灾害气象风险等级普遍达到 III 级以上。其中，怒江南部、德宏、保山、临沧、普洱、红河大部地区地质灾害气象险等级达到 II 级，风险高。总体而言，云南省气象台发布的地质灾害气象风险预警产品在这次过程中能很好地反映降水过程发展趋势并准确地预报了灾情较重的区域，为有效地防范和减轻地质灾害人员伤亡和经济损失起到了很好的警示作用。

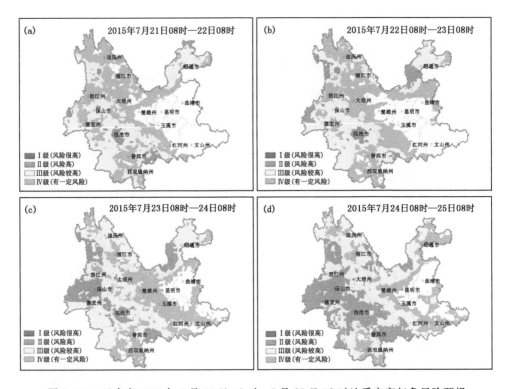

图 7.5.3　云南省 2015 年 7 月 21 日 08 时—7 月 25 日 08 时地质灾害气象风险预报

7.5.3　2015 年 8 月 8—10 日滇中及以北地区强降水天气过程

（1）灾情概况

2015 年 8 月 8—10 日，云南中部及以北地区出现强降水天气过程。导致大理州祥云县、怒江州泸水县、德宏州施甸县、玉溪市澄江县、曲靖市会泽县及昆明市禄劝县、东川区、晋宁县等多地发生暴雨洪涝、山洪及地质灾害。其中，8 月 10 日 03 时左右，曲靖市会泽县火红乡耳子山村委会上槽槽小组（大岩洞电站 1 号支洞所在地）因降水导致山体岩石松动，发生滑坡落石，落石砸到一户民房和川渝路桥公司施工队厂房上，致使施工队人员 2 人当场死亡、4 人受重伤、2 人受轻伤。

（2）过程雨情

受冷空气和西南暖湿气流共同影响，8 月 8—10 日滇中及以北地区出现中到大雨局部暴雨，其他地区出现小到中雨局部大雨。累积雨量大于 50 mm 的地区主要集中在昭通、曲靖、昆明、楚雄、玉溪北部、保山、德宏、临沧、大理、丽江、怒江南部、迪庆地区（图 7.5.4a）。其中，累积雨量超过 100 mm 的县站有 2 站，分别是寻甸 116.9 mm、会泽 100.3 mm。具体分析会泽县火红乡降水期间的逐小时降水（图略），火红乡区域自动站均未出现小时降水量≥20 mm。但是整个降水过程持续时间较长，从

8 日 00 时出现降水,在 8 日 15 时、16 时停顿两小时后,降水一直持续到了 9 日 19 时,共持续了 41 h,累积降水量为 58.5 mm。从前 10 d(7 月 29 日 08 时—8 月 08 日 08 时)累积降水来看,前期全省的累积降水还是比较明显的,都在 50 mm 以上。其中,滇南、滇东南地区的累积降水在 100 mm 以上(图 7.5.4b)。综合分析,由于会泽县火红乡前期有一定降水,加上此次过程出现的持续稳定性降水天气,引发此次滑坡落石灾害。

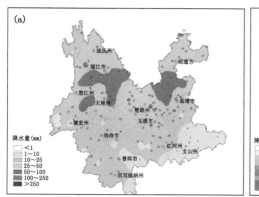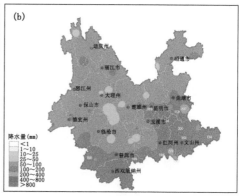

图 7.5.4　云南省降水量实况图

(a)2015 年 8 月 8 日 08 时—10 日 08 时;(b)2015 年 7 月 29 日 08 时—8 月 8 日 08 时

(3)地质灾害气象风险预警及服务情况

针对此次强降水天气过程,云南省气象台 8 月 7 日发布大雨消息,指出:受冷空气和西南暖湿气流共同影响,预计 8 日 20 时—10 日 08 时,昭通、曲靖北部、昆明北部、楚雄、丽江、大理、迪庆、怒江南部、保山、德宏、临沧、普洱西部阴有中到大雨局部暴雨。8 月 8 日开始连续发布暴雨蓝色预警信号,并明确警示:丽江、大理北部、楚雄北部、昆明北部、曲靖北部、昭通南部需注意防范强降水引发的洪涝、滑坡、泥石流等灾害。

针对此次降水过程,云南省气象台 8 月 8—9 日连续发布地质灾害气象风险预警:考虑到前期有明显降水,滇中以西以南地区存在一定的地质灾害气象风险,对于此次强降水影响的滇中及以北地区,地质灾害气象风险等级逐渐攀升,大部地区均在 Ⅲ 级以上,气象风险较高。其中,8 月 9 日 5:30 发布的地质灾害气象风险预警产品中,预报昭通南部、曲靖北部、丽江、怒江、迪庆南部、大理等地的地质灾害气象风险等级为 Ⅱ 级,气象风险高(图 7.5.5)。预警产品对曲靖会泽县、大理祥云县等地的地质灾害进行了准确的预报。基于预警产品的指导,云南省气象局、云南省国土资源厅 2015 年 8 月 9 日 10:45 联合发布地质灾害气象风险 Ⅱ 级预警:受持续强降水影响,预计未来 24 小时云南北部、西部地质灾害气象风险等级较高,其中昭通南部、曲靖北部、丽江、怒江、迪庆南部、大理地质灾害气象风险等级高(Ⅱ 级)。上述地区易出现滑坡、泥石流和崩塌等地质灾害,请有关单位和人员做好防范准备。由于预警及时,大理州祥云县禾甸镇下莲村委会上莲自然村转移安置人员 180 余人。除曲靖会泽县外,其他各地的地质灾害也得到有效防范。

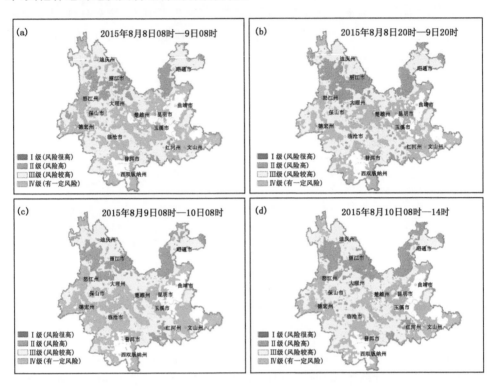

图 7.5.5　云南省 2015 年 8 月 8 日 08 时—10 日 14 时地质灾害气象风险预报图

7.5.4　2015 年 9 月 15—16 日华坪县、昌宁县泥石流地质灾害过程

（1）灾情概况

受副热带高压(以下简称"副高")外围的中小尺度强对流云团影响,2015 年 9 月 15—16 日丽江市华坪县、保山市昌宁县相继出现单点性强降水,并引发严重的地质灾害(图略)。9 月 15 日 20 时—16 日 03 时,丽江市华坪县北部出现局地特大暴雨,强降雨导致鲤鱼河河水暴涨,引发山洪泥石流灾害。华坪县中心镇田坪村和县城受灾较为严重,道路冲毁严重,房屋受损并造成严重人员伤亡。此次山洪泥石流导致全县 4.2 万人受灾,死亡 10 人,失踪 4 人,受伤 15 人,紧急转移 3067 人,直接经济损失 3 亿元。9 月 16 日 02 时起,保山市昌宁县东南部出现局地强降雨天气,引发山洪泥石流灾害,致使昌宁县田园、漭水两个镇受灾严重。灾害共造成 7 人死亡,18 人受伤(重伤 2 人、轻伤 16 人),转移安置受灾群众 516 户 1586 人,直接经济损失 3.28 亿。

(2)过程雨情

9 月 15 日 20 时—16 日 20 时云南西部和北部处于副高外围西南气流控制,普遍出现了阵雨或雷阵雨。从整体看,这次降水过程并不强。但由于受中小尺度强对流云团影响,丽江市华坪县和保山市昌宁县部分乡镇出现了局地暴雨、大暴雨天气(图7.5.6)。其中,华坪县田坪和姑娘坟 24 h 累计雨量分别为 288.7 mm、206.7 mm;昌宁县漭水和河西 24 h 累计雨量分别为 239.6 mm、263.3 mm。出现大暴雨的区域非常局地,但降水量特别可观。

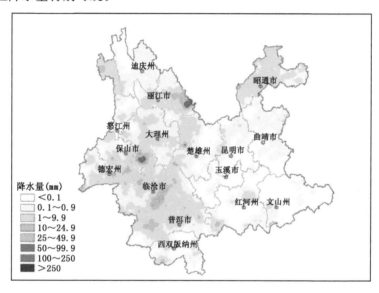

图 7.5.6　云南省 2015 年 9 月 15 日 20 时—16 日 20 时降水量实况图

从逐小时降水量分布看,上述站点的降水时段集中、小时降水量非常大,对流性降水特征非常明显。其中,华坪县田坪(图 7.5.7a)、姑娘坟(图 7.5.7b)降水时段集中在 15 日 21 时—16 日 03 时,7 h 累计降水量分别为 282.4 mm、201.6 mm,在 15日 22 时、23 时和 16 日 01 时、02 时均出现了短时强降水。其中最大小时降水均出现在 16 日 02 时,田坪为 83.6 mm,姑娘坟为 66.3 mm。昌宁县漭水(图 7.5.7c)、河西(图 7.5.7d)降水时段主要集中在 9 月 16 日 02 时—14 时,12 h 累计降水量分别为238.9 mm、261.1 mm。漭水短时强降水出现在 16 日 03 时—10 时,共持续了 8 h,其中最大小时降水出现在 16 日 06 时,为 44.8 mm。河西短时强降水出现在 16 日 07时—09 时,共持续了 3 h。其中最大小时降水出现在 16 日 09 时,达到 108.9 mm。

从前 10 d(9 月 5 日 20 时—15 日 20 时)累计降水量来看,丽江市华坪县田坪和姑娘坟的累计降水比较明显,田坪为 279.6 mm,姑娘坟为 294.1 mm。保山市昌宁县漭水和河西前十天累计降相对弱一些,漭水为 52.6 mm,河西为 126.9 mm(图略)。综合分析,在前期累积降水较明显的情况下,丽江市华坪县田坪、姑娘坟和保山

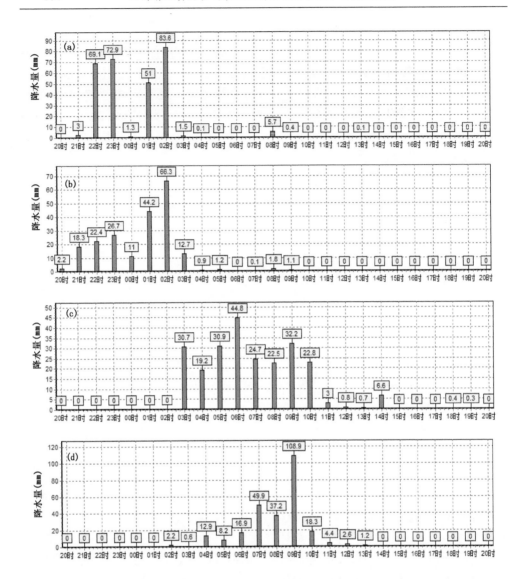

图 7.5.7　2015 年 9 月 15 日 20 时—16 日 20 时田坪(a)、姑娘坟(b)、漭水(c)和河西(d)

市昌宁县漭水、河西等乡镇出现的局地大暴雨天气,诱发了此次严重的泥石流灾害。

　　(3)地质灾害气象风险预警及服务情况

　　云南省气象台 2015 年 9 月 13 日,向省委、省政府及有关部门发布天气周报指出:"8 月以来我省大部地区持续降雨天气且局地强降雨频发,未来一周滇西和滇南降雨仍将维持,发生滑坡、泥石流等地质灾害的风险较高,需注意加强防范。"在后续的服务中,云南省气象台持续发布地质灾害气象风险预警产品,并在 9 月 14 日、15 日的短期指导产品及省地服务会商中,反复强调近期云南西部、北部持续出现降水,需关注持续强降水和局地暴雨可能引发的次生灾害。由于前期警示作用,出灾后当地政府和群众反应及时,丽江市华坪县紧急转移安置受灾群众 3067 人,保山市昌宁县转移安置受灾群众 1586 人,避免了更大的灾害损失和人员伤亡。当然,在过程整体降水强度较弱的背景下(灾点周围大部地区的降水强度仅为小到中雨),由于此次致灾的大暴雨区域非常小且强降水时段特别集中,无论数值模式还是主观预报都无法精确预报大暴雨的具体发生地和如此大的降水量。这一客观因素给此次泥石流灾害的有效预防和精准应对带来了较大的困难。

　　具体分析此次降水过程期间的地质灾害气象风险预警产品可以看出,2015 年 9 月 15 日 17:30 云南省气象台发布地质灾害气象风险预报:昭通、丽江、临沧东部地质灾害气象风险等级为 Ⅲ—Ⅱ 级,气象风险较高。华坪县为 Ⅱ 级,风险高;昌宁县为 Ⅳ 级,有一定风险(图 7.5.8a)。从 9 月 16 日 08 时的地质灾害气象风险监测预警来看,华坪县为 Ⅱ 级,风险高;昌宁县为 Ⅲ 级,风险较高(图 7.5.8b)。此次地质灾害预警服务过程中,预警产品对华坪的地质灾害的警示性较好,但对昌宁的地质灾害预警级别偏低,警示性较差。究其原因,华坪县田坪、姑娘坟前期降水明显,灾害发生前的定量降水预报虽然有较大误差(24 h 降水为中到大雨),但也预报了明显降水。而昌宁县的漭水、河西前期降水相对弱一些,且灾害发生前的定量降水预报误差非常大(24 h 降水为小到中雨)。因此导致昌宁县漭水、河西附近的地质灾害风险等级预报偏低。

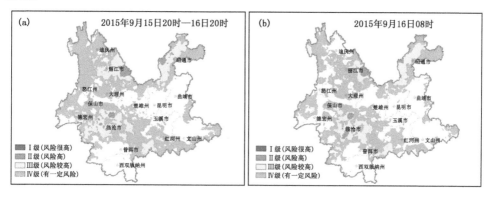

图 7.5.8　云南省地质灾害气象风险预报和监测图

7.5.5　2015 年 10 月 9—10 日云南强降水天气过程

（1）灾情概况

　　2015 年 10 月 8 日至 10 日,云南省持续出现全省性大到暴雨天气过程,德宏、保山和曲靖等州(市)相继发生严重的滑坡、泥石流灾害(图 7.5.9)。其中,9 日夜间至 10 日凌晨,德宏州盈江县出现突发性强降雨天气,南底河水位暴涨,旧城镇贺勐村新村二组发生泥石流灾害,导致 2 人死亡,芒那线梁河至盈江旧城段因泥石流和滑坡出现两处交通道路中断。10 日 8 时左右,宣威市得禄乡坡脚村一农户房屋发生倒塌,造成 3 人死亡;铜厂沟村一农户房屋背后山体垮塌,造成 2 人死亡,3 人受伤。10 日 9 时,保山市施甸县酒房乡上寨村发生山体滑坡,导致 2 人死亡、1 人失踪。

图 7.5.9　德宏州盈江县(a)和保山市施甸县(b)灾害现场

(2)过程雨情

受孟加拉湾低压和冷空气共同影响,2015 年 10 月 8 日 08 时—10 日 08 时,云南持续两天出现全省性大到暴雨天气过程。其中,10 月 8 日 08 时—9 日 08 时,楚雄、丽江、大理、玉溪、红河、普洱北部、临沧北部、德宏北部和保山北部出现了大到暴雨局部大暴雨天气,其他地区有中雨局部大雨。据统计,全省共出现 1 站大暴雨(楚雄 106.7 mm),18 站暴雨,50 站大雨,41 站中雨,15 站小雨。另据乡镇雨量站统计,全省出现 23 站大暴雨(最大雨量为镇沅县和平乡 177.6 mm)、473 站暴雨、1121 站大雨、847 站中雨、447 站小雨,大暴雨主要出现在楚雄、玉溪西部、普洱东部(图 7.5.10a)。9 日 08 时至 10 日 08 时,强降雨带略向西南移动。楚雄西部、大理、怒江南部、保山、德宏、临沧北部、红河、普洱北部出现了大到暴雨局部大暴雨,另外,昭通南部、曲靖北部也出现了大到暴雨,其他地区有中雨局部大雨。据统计,全省县级台站共出现 5 站大暴雨(金平 145.6 mm、绿春 124 mm、凤庆 115.9 mm、大理 106.6 mm、元阳 101.3 mm),28 站暴雨,53 站大雨,37 站中雨,2 站小雨。另据乡镇雨量站统计,全省出现 113 站大暴雨(最大雨量为金平县者米 229.7 mm)、678 站暴雨、1239 站大雨、716 站中雨、197 站小雨,大暴雨主要出现在楚雄西南部、大理、保山、德宏东部、普洱东部和红河南部(图 7.5.10b)。两天(10 月 8 日 08 时—10 日 08 时)累计雨量超过 100 mm 的区域主要分布在楚雄、大理、保山、德宏、临沧北部、普洱北部、玉溪西部和红河等地(图 7.5.10c)。此次过程降水强度大、分布广、持续时间长,是 2015 年度最强的一次暴雨过程。

从前 10 d(9 月 28 日 08 时—10 月 08 日 08 时)的累计降水量看,全省大部前 10 天降水相对较弱,只有曲靖、红河北部、普洱东南部累计降水量在 50～100 mm,其他大部地区累计雨量小于 50 mm(图 7.5.10d)。综合分析,主要是 10 月 8—10 日持续性暴雨天气诱发了德宏、保山和曲靖等州(市)发生严重的滑坡泥石流灾害。

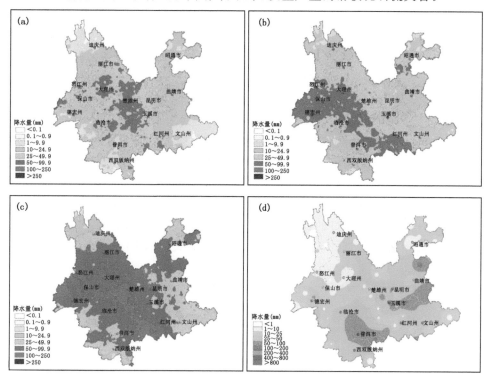

图 7.5.10　云南省降水量实况图

(a)2015 年 10 月 8 日 08 时—9 日 08 时;(b)2015 年 10 月 9 日 08 时—10 日 08 时;

(c)2015 年 10 月 8 日 08 时—10 日 08 时;(d)2015 年 9 月 28 日 08 时—10 月 08 日 08 时

(3)地质灾害气象风险预警及服务情况

云南省气象台在 2015 年 10 月 4 日制作《天气周报》对 10 月 8—11 日全省大范围、强降水过程进行了预报。10 月 7 日向省委、省政府报送《重要天气预报》,明确指出:9—10 日,滇中以西将出现大到暴雨局部大暴雨。需要防范强降雨可能引发的山洪、滑坡、泥石流及城乡内涝等灾害。在降水过程服务期间,云南省气象台持续发布地质灾害气象风险预警产品。依据地质灾害气象风险等级的快速发展,云南省气象局与云南省国土资源厅分别于 10 月 8 日和 9 日联合发布了云南省地质灾害气象风险Ⅱ级预警。相关信息及时通过云南省广播电台、电视台、春城晚报、都市时报等媒体向用户发送。仅地质灾害监测员接收预警短信人数为 48,222 人次。由于这次强降水过程预报准确、服务及时,相关部门及公众提前作了抗灾准备,危险地区及时转移安置了人员,有效地减少了灾害造成的损失及人员伤亡。其中,德宏州转移安置群众 404 人,解救洪水围困群众 3 人,避免人员伤亡 1 起,气象服务效益显著。

　　具体分析此次降水过程期间的地质灾害气象风险预警产品可以看出：由于前期降水比较弱，7 日 08 时—8 日 08 时全省地质灾害气象风险整体不高，只在丽江东南部、曲靖北部、红河西部预报了部分区域Ⅲ级（图 7.5.11a）。随着降水过程开始，北部降水增强，8 日 08 时至 9 日 08 时预报丽江、昭通、昆明北部等地区的地质灾害气象风险等级逐渐升高（图 7.5.11b）。9 日 08 时至 10 日 08 时，暴雨区向西南移动并扩展，全省大部地区地质灾害气象风险等级迅速升高。昭通、曲靖北部、昆明北部、楚雄、丽江、大理、怒江、保山、德宏、临沧、普洱北部、玉溪西部和红河等州（市）地质灾害气象风险等级为Ⅱ－Ⅲ级，风险较高（图 7.5.11c）。10 日 08 时至 11 日 08 时，虽然降水强度减弱，但由于持续出现大范围暴雨天气，昭通、曲靖北部、丽江、大理、怒江、保山、德宏、临沧东部、普洱北部、玉溪西部和红河等州（市）仍维持较高地质灾害气象风险等级（7.5.11d）。综合来看，云南省气象台发布的地质灾害气象风险预警产品在这次过程中能很好地反映降水过程发展趋势，为有效地防范和减轻地质灾害人员伤亡和经济损失起到了很好的警示作用。另外，在德宏、保山和曲靖等地质灾害较为严重的州（市）预报了较高的灾害风险等级，与收集的灾情基本吻合，表现了很好的可用性。

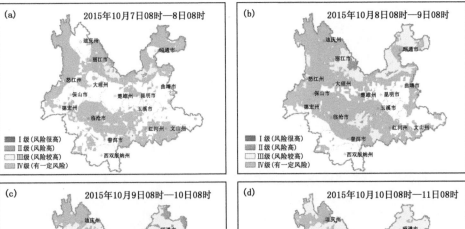

图 7.5.11　云南省 2015 年 10 月 7 日 08 时—10 月 11 日 08 时地质灾害气象风险预报

参考文献

陈贺,李原园,杨志峰,等.2007.地形因素对降水分布影响的研究[J].水土保持研究,**14**(1):119-122.

陈列,王东法,潘劲松,等.2012.浙江省地质灾害气象预报模型研究[J].热带气象学报,**28**(5):764-770.

程鹏,郑启锐,张涛.2007.数值降水预报结果的并集集成方法及其试验研究[J].暴雨灾害,**26**(3):256-260.

崔鹏,高克昌,韦方强.2005.泥石流预测预报研究进展[J].学科发展,**20**(5):363-369.

崔鹏.2014.中国山地灾害研究进展与未来应关注的科学问题[J].地理科学进展,**33**(2):145-152.

杜惠良,钮学新,殷坤龙,等.2005.浙江省滑坡、泥石流气象条件分析及其预报研究[J].热带气象学报,**21**(6):642-650.

段旭,陶云,刘建宇,等.2007.云南省不同地质地貌条件下滑坡泥石流与降水的关系[J].气象,**33**(9):33-39.

段旭,王曼,陈新梅,等.2011.中尺度WRF数值模式系统本地化业务试验[J].气象,**37**(1):39-47.

胡娟,李华宏,闵颖.2011.引入低纬高原复杂地形因子的气象要素精细化估算模型[J].气象科技,**39**(5):552-557.

胡娟,闵颖,李华宏,等.2014.云南省山洪地质灾害气象预报预警方法研究[J].灾害学,**29**(1):62-66.

康志成,李焯芬,马霭乃,等.2004.中国泥石流研究[M].北京:科学出版社.

兰恒星,伍法权,周成虎,等.2003.GIS支持下的降雨型滑坡危险性空间分析预测.科学通报,**48**(5):507-512.

李华宏,薛纪善,王曼,等.2007.多普勒雷达风廓线的反演及变分同化试验[J].应用气象学报,**18**(1):50-56.

李华宏,曹杰,杞明辉,等.2012.雷达风廓线反演在云南强降水预报中的应用[J].高原气象,**31**(6):1739-1745.

李华宏,王曼,曹杰,等.2014.雷达资料在云南一次强降水过程中的三维变分同化试验[J].热带气象学报,**30**(5):881-893.

李为乐,唐川,常鸣.2013.汶川地震区打色尔沟泥石流调查及监测预警系统设计[J].地质灾害与环境保护,**24**(4):95-102.

李益敏,张丽香,王金花.2015.资源环境约束下的怒江州农业产业结构调整研究[J].生态经济,**31**(2):117-120.

毛以伟,谌伟,王珏,等.2005.湖北省山洪(泥石流)灾害气象条件分析及其预报研究[J].地质灾害与环境保护,**16**(1):9-12.

闵颖,胡娟,李超,等.2013.云南省滑坡泥石流灾害预报预警模型研究[J].灾害学,**28**(4):216-220.

彭贵芬.2006.云南气象地质灾害危险等级 PP-ES 预报方法[J].气象科技,**34**(6):745-749.

彭贵芬,段旭,张杰,等.2008.云南滑坡泥石流灾害精细化气象预警系统[J].气象科技,**36**(5):627-630.

杞明辉,许美玲,程建刚,等.2006.天气预报集成技术和方法应用[M].北京:气象出版社.

秦剑,琚建华,解明恩.1997.低纬高原天气气候[M].北京:气象出版社.

单九生,刘修奋,魏丽,等.2004.诱发江西滑坡的降水特征分析[J].气象,**30**(1):13-15.

单九生,魏丽,边晓庚,等.2008.基于 Web-GIS 技术的滑坡灾害预报预警业务系统[J].高原气象,**27**(1):222-229.

唐川.1997.云南省泥石流灾害区域特征调查与分析[J].云南地理环境研究,**9**(1):1-9.

唐川,朱静.1999.澜沧江中下游滑坡泥石流分布规律与危险区划[J].地理学报,**54**(S1):84-92.

唐川,朱静.2003.云南滑坡泥石流研究[M].北京:商务印书馆.

唐川,朱静.2005.基于 GIS 的山洪灾害风险区划[J].地理学报,**60**(1):87-94.

唐川.2005.云南怒江流域泥石流敏感性空间分析[J].地理研究,**24**(2):178-186.

万石云,李华宏,胡娟.2013.云南省滑坡泥石流灾害危险区划[J].灾害学,**28**(2):60-64.

王仁乔,周月华,王丽,等.2005.大降雨型滑坡临界雨量及潜势预报模型研究[J].气象科技,**33**(4):311-313.

韦方强,崔鹏,钟敦伦.2004.泥石流预报分类及其研究现状和发展方向[J].自然灾害学报,**13**(5):10-15.

文海家,张永兴,柳源.2004.滑坡预报国内外研究动态及发展趋势[J].中国地质灾害与防治学报,**15**(1):1-4.

薛建军,徐晶,张芳华,等.2005.区域性地质灾害气象预报方法研究[J].气象,**31**(10):24-27.

严明良,缪启龙,沈树勤.2009.基于超级集合思想的数值预报产品变权集成方法探讨[J].气象,**35**(6):19-23.

张红兵.2006.云南省地质灾害预报预警模型方法[J].中国地质灾害与防治学报,**17**(1):40-42.

张培昌,杜秉玉,戴铁丕.2001.雷达气象学[M].北京:气象出版社.

郑孝玉.2000.滑坡预报研究方法综述[J].世界地质,**19**(4):370-374.

钟荫乾.1998.滑坡与降雨关系及其预报[J].中国地质灾害防治学报,**9**(4):24-32.